図解 思わずだれかに話したくなる

身近にあふれる「化学」が

3時間でわかる本

齋藤 勝裕

はじめに

　私たちは物質に囲まれて生活しています。物質のない生活は考えられません。

　私たちの周囲には空気が存在し、水を使わない日はありません。体は衣服で包まれ、目の前には木製の机、その上にはプラスチックで包まれたパソコン、手を伸ばせば木と黒鉛でできた鉛筆があります。

　食事になれば陶磁器の皿の上に沢山の種類の食品がのります。病気になれば薬を飲みます。これらすべてが物質なのです。それどころか、私たち自身が物質の一部なのです。

　物質は変化します。液体の水は冷やせば固体の氷になり、温めれば気体の水蒸気になります。包丁は錆びますし、ガスコンロではガスが燃えて、赤く輝いて熱くなります。花は咲き、私たちも成長します。このように物質は変化します。それは化学反応の結果です。

　本書はこのような、身のまわりにある物質とその変化を楽しく、わかりやすく解説したものです。

本書を読むのに化学的な予備知識は一切必要ありません。高校の知識はもちろん、中学の知識も必要ありません。楽しい読み物を読むようなつもりで読んでいただければ結構です。

　本書を読み終えたときには、皆さんの世界を見る目が変わっているのではないでしょうか？　これまで何気なく見てきた物、現象がどのようにしてできており、どのように変化しているのかがわかることでしょう。その結果、身のまわりの現象、さらには自然現象が楽しく愛おしく思えてくるのではないでしょうか。

　皆さんに、本書を手にしてよかったと思っていただければうれしい限りです。

令和2年4月

齋藤　勝裕

図解 身近にあふれる
「化学」が3時間でわかる本 ───── 目次

第1章　「生活」の化学

第2章 「食卓」の化学

第3章 「薬と毒」の化学

第4章 「空気」の化学

第5章 「水」の化学

第6章 「生命」の化学

第7章 「爆発」の化学

第8章 「金属」の化学

第9章 「原子と放射能」の化学

第10章 「エネルギー」の化学

デザイン・イラスト　末吉喜美

図版　石山沙蘭

第1章
「生活」の化学

01 防水スプレーはどうして危険なの？

梅雨の時期に強い味方となる防水スプレーですが、このスプレーを吸い込んで、呼吸困難や肺炎を起こす事故が増えているそうです。なぜ呼吸困難になってしまうのでしょうか。

◎ 防水スプレーって何？

防水スプレーは、衣服や靴が濡れて内部に水分が浸透することを防ぐ目的で開発されたスプレーです。単に防水するだけなら、ゴムでも塗っておけばいいのでしょうが、それでは汗がこもってしまい、不快感が増してしまいます。

そこで一般には、衣服や靴の表面で水をはじくことによって防水します。このような防水スプレーを撥水スプレーといいます。

撥水スプレーの成分はいろいろあります。まずフライパンでおなじみの**フッ素樹脂**や**シリコン樹脂**が用いられます。次にそれを溶かす溶剤（石油系溶剤）であるメチルエチルケトン、酢酸エチル、アルコールなどが含まれます。こうして樹脂を細かい粒子にして吹きつけ、水をはじくようにしているのです。

また、その液体をスプレーするための噴射剤と液化石油ガス、ジメチルエーテル等の可燃性石油系ガスが入っています[*1]。

◎ 吸い込んだ場合の人体への影響は？

スプレーしたガスを吸い込むと、成分の樹脂が肺細胞に付着し

[*1] 以前はフロンが用いられていたが、オゾンホールや温室効果ガスなどの影響でフロンは用いられなくなった。

撥水スプレーが水をはじく原理

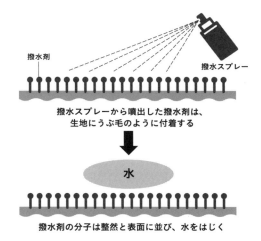

撥水剤

撥水スプレー

撥水スプレーから噴出した撥水剤は、
生地にうぶ毛のように付着する

水

撥水剤の分子は整然と表面に並び、水をはじく

ます。すると、**酸素が肺細胞の中にある酸素運搬物質ヘモグロビンに接することができなくなり、酸素運搬ができなくなります。**つまり、一生懸命に息をして空気を吸っても、その酸素が細胞に行き渡らなくなり、細胞は窒息してしまうのです。結果的に呼吸困難となり、低酸素血症となります。

　具体的な症状としては、発熱や吐き気を生じ、軽い運動でも息切れを感じるようになります。重い場合には呼吸困難、意識障害、視力障害、言語障害といった症状が現れます。一刻も早い病院搬送が必要となります。

◎ スプレーに注意

　このような症状が出るのは防水スプレーだけではありません。紫外線をカットするための衣類用コーティングスプレーにも同じような注意が必要です。

　危険なのは吸い込んだ場合だけではありません。**スプレー缶から噴出されるガスの多くは可燃性**です。これをもしストーブに向かって噴射したら、火炎放射器と同じことですから危険です。

　スプレーは火の近くや風呂場、玄関などの狭い空間で使用するのは避け、庭やベランダなどで、風向きにも注意して使用するようにしましょう。

◎ 吸い込む事故を防ぐには

　正しく使用しないと健康被害が出る可能性があるのはどんな製品でも同じです。使用前には製品の説明書をよく読み、きちんと理解した上で正しく使用することが大切です。

　特に防水スプレーでは、健康な成人であっても、入院が必要になる例が少なくありません。使用者、周囲の人ともに絶対に吸い込まないように、次の点に注意して使いましょう。

【防水スプレーの使用上の注意】
・使用前に製品表示、特に「使用上の注意」をよく読んでから使用する
・マスクを着用し、必ず風通しのよい屋外で使用する
・周囲に人、特に子どもなどがいないことを確認してから使用する

02 トイレ用洗剤と漂白剤は
なぜ「まぜると危険」？

『まぜるな危険！』と書かれたラベルを見たことがあるでしょう。「２種類をまぜると危険ですよ」という意味ですが、何と何をまぜると危険なのか、またどの程度危険なのかご存じでしょうか。

◎ 戦争でも使われた猛毒

トイレ用洗剤には強力な酸である**塩酸**[*1] HCl が入っている一方、塩素系漂白剤[*2]には酸化剤である**次亜塩素酸カリウム** KClO が入っていて、これらをまぜると下記の反応が進行し**塩素ガス** Cl_2 が発生してしまいます。このため、トイレ用洗剤と塩素系漂白剤はまぜてはいけません。

$$KClO + 2HCl \rightarrow KCl + H_2O + Cl_2$$

塩素ガスは、第一次世界大戦においてドイツ軍がベルギーの西端にあるイープルで使った有名な毒ガスで、約5000人の兵士がこの毒ガスで命を落としたといわれる猛毒です。

このような毒ガスがトイレや風呂場のような密閉空間で発生したのではたまりません。まさしく命にかかわる重大事態です。ですから、絶対にこの２つをまぜてはいけないのです。

[*1] 塩酸は塩化水素の水溶液で代表的な酸の１つ。強い酸性で多くの金属と化学反応を起こして水素を発生させる。トイレの主な汚れである尿石や水あかはカルシウム成分で構成されたアルカリ性のため、酸性の洗剤が有効。

[*2] 漂白力の強い次亜塩素酸カリウムはどんな色でも脱色させてしまうため、色柄の衣類には使用してはいけない。除菌やにおいの元を分解する効果もあり、浄水やプールの殺菌にも使われている。

◎ 酸は塩素系漂白剤とまぜてはいけない

　もともと塩素系漂白剤は、漂白する物質に触れるとゆっくり酸素を放出し、その作用で漂白されるものです。

　塩素系漂白剤には、酸であればどのようなものでも、まぜると塩素が発生してしまいます。

　たとえばどんな家庭にもあるお酢や、掃除用として使われる機会が増えたクエン酸なども酸性です。これらも塩素系漂白剤をまぜたらただちに塩素が発生してしまうわけです。

　化学物質の危険性は思わぬところでも発生します。

　たとえば、塩素系漂白剤を使った洗濯液を風呂場のシンクに流し、次に、台所で梅干しの漬け汁をシンクに流したとします。そうすると塩素系漂白剤と梅干し液の酸が庭の排水溝でまじることになります。その結果、この庭の一角で塩素ガスが発生してしまうのです。もし近くで子どもが遊んでいたら大変なことになります。

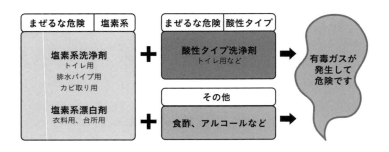

◎ もっと危険な混合もある

　塩素ガスより危険なガスもあります。それが**硫化水素ガス** H_2S です[*3]。これは、硫黄と水素の化合物で、これ以上ないほど危険なガスです。

　硫化水素は温泉地帯でよく発生する「卵が腐ったようなにおい」で、皆さんもかいだことがあるでしょう。火山ガスや硫黄泉などのにおいが「硫黄くさい」といわれたりしますが、じつは硫黄じたいは無臭で、これは硫化水素のにおいを指しています。

　主な発生現場はマンホール、下水道、地下道工事現場、タンク内、温泉場などで、無防備に救助に入ると救助者自身が倒れるケースもあります。

　このガスは濃度が低い場合は問題ないですが、たまにくぼ地などで高濃度のままたまっていることがあり、重大な死亡事故を引き起こすことがあるのです。

硫化水素中毒の症状

硫化水素濃度	症状
0.05〜0.1ppm	独特の臭気(腐敗卵臭)を感じる
50〜150ppm	嗅覚脱出が起こり、独特の臭気を感じなくなる
150〜300ppm	流涙、結膜炎、角膜混濁、鼻炎、気管支炎、肺水腫
500ppm以上	意識低下、死亡

*3　2008年だけで全国1000人以上がこのガスで自殺した。どこの家庭にでもあるありふれた液体2種をまぜると、いとも簡単に発生する。それがどのような液体かはあまりに危険なので書かないが、インターネット上に流れたのを見た人が次々とまねをして、このようなことになった。

03 重曹やクエン酸は どうやって汚れを落とすの?

これまで「洗剤」といえば中性洗剤か、マジックリンやクレンザーが一般的でした。しかし最近は、重曹やクエン酸が汚れ落としに効くといわれます。どんな原理なのでしょうか。

◎ 重曹はアルカリ

重曹もクエン酸も、正しく使えば汚れをよく落とす優れものです。ただし、それぞれはまったく違う物質ですから、それぞれに合った使い方をする必要があります。

重曹は正式名を重炭酸ナトリウム $NaHCO_3$ といいます[*1]。似たものに、やはり汚れ落としに使う炭酸ソーダ(炭酸ナトリウム) Na_2CO_3 やセスキ炭酸ソーダ(セスキ炭酸ナトリウム) $Na_2CO_3 \cdot NaHCO_3$ があります。セスキ炭酸ソーダは炭酸ソーダと重曹の1:1混合物です。

これら3種の物質はいずれもアルカリであり、使うと手を傷める可能性があります。使うときはゴム手袋をしたほうがよいでしょう。アルカリの強さは下記の通りで、汚れを落とす強さもこの順になります。

【アルカリの強さ(汚れを落とす強さ)】

炭酸ソーダ > セスキ炭酸ソーダ > 重曹

[*1] ナトリウムはドイツ語で「ソーダ」といい、漢字では「曹達」と書く。つまり、「重炭酸ナトリウム」は「重炭酸曹達」と書かれ、やがて「重曹」と略されたのが名前の由来。

◎ クエン酸は酸

　重曹に対して、クエン酸はその名の通り「酸」です。レモンなどの柑橘類や梅干しに入っている酸ですね。

　酸といえば食酢に入っている酢酸 CH_3COOH がよく知られています。有機物の酸において、酸のはたらきをするのは $COOH$ という原子団です。

　酢酸はこの原子団を 1 個しかもっていませんが、クエン酸は 3 個ももっています [*2]。その分、クエン酸のほうが強い酸であり、汚れを落とす作用も強いのです。それだけに手を傷める可能性もありますから、使用する際にはゴム手袋をしたほうがよいでしょう。

◎ 汚れ落とし

　もともと汚れには、「酸性の汚れ」と「アルカリ性の汚れ」があります。酸性の汚れは油汚れ、皮脂汚れ、生ごみ類、衣類の汚れ、体臭などがあり、アルカリ性の汚れはトイレの汚れに代表されます。

　酸性の汚れにアルカリ性の洗剤を用いると、汚れを中和して水溶性にするので、落ちやすくなります。重曹は、硬い粒子なので、クレンザーのように磨く効果も期待できます。

　一方、クエン酸は主に水汚れに効きます。お風呂の鏡につくあの鱗のような汚れを落とすのに効果があります。鱗汚れはカルシウム等の金属ですが、酸の $COOH$ 原子団がこの金属をつかまえて引きはがしてくれます。

[*2]　汚れを引きはがす「手」が 3 本もあるということ。これはカニが 2 本のハサミでエサをつかむのに似ているため「キレート効果」といわれる。「キレート」はギリシア語で「カニのハサミ」の意。

使い分けのヒント

	重曹	セスキ	クエン酸
効果的な汚れ	油・皮脂	油・皮脂	水あか
pH	ごく弱い アルカリ性	弱い アルカリ性	弱酸性
水への溶けやすさ	○	◎	○
ベトベト油汚れ	○	◎	×
洗濯	○	◎	○ 柔軟剤として
食洗機	○	◎	○ 庫内洗浄として
鍋のコゲ落とし	◎	○	×
研磨力(クレンザー)	◎	×	×
消臭効果(汗、靴など)	◎	◎	×
水あか	×	×	◎
除菌	×	×	◎
血液	×	◎	×

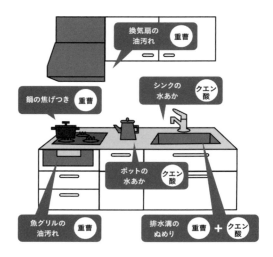

04 漂白剤が布地を白くするのはなぜ？

普通の洗剤ではなかなか落とせない黄ばみなどに効果があるのが、漂白剤です。では、漂白剤が衣服を白くするのはなぜでしょうか。その原理を見てみましょう。

◎「汚れ」の原因はよくわかっていない

衣服の汚れの原因は複雑です。じつは、その多くの原因はよくわかっていません。とりわけ衣服のクスミの原因は解明困難といわれています。

しかし、色彩の原理はだいたいわかっています。それは、共役二重結合といわれる特殊な化学結合をもった分子の発生です。共役二重結合は「一重結合」と「二重結合」が交互に連続した結合です。

このような結合をもった化合物の多くが"色"をもちます。そしてこの"結合の長さ"によって色が異なるのです。もちろん短かすぎれば色はありませんが、適当な長さになると黄色くなり、橙色、赤、緑、青と変化していきます。

◎ 漂白の仕組み

衣服のクスミもこのような共役二重結合をもつ化合物（汚れ化合物）が衣服に沈着したせいではないかと考えられます。だとしたら、その解決策は2つ考えられます。1つめは汚れ化合物を"洗

い流す"こと、そして2つめが、汚れ化合物の共役二重結合を"破壊する"ことです。

　このうち、一般的な洗剤は1つめの汚れを"洗い流す"ことによって衣服を再生しようというものです。しかし、それで満足する結果が得られなかった場合に登場するのが2つめの"破壊する"ことで、これが漂白剤なのです。

　漂白剤は、汚れ分子の共役二重結合を破壊するものです。しかしその方法には、簡単な方法としても2通りあります。

　それぞれには塩素系といわれる次亜塩素酸ソーダを使ったもの、ハイドロサルファイトを使ったものなどが市販されています。どちらの方法も有効で、汚れの状態や布地の状態を見て選択することになります。

漂白剤の種類

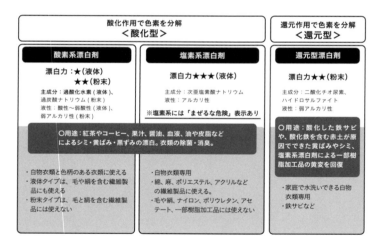

【漂白の方法】
①酸化漂白：二重結合に酸素を付加させて一重結合に変化さ
せる方法。これによって共役二重結合は２つ
に分断される。
②還元漂白：二重結合に水素を付加させて共役二重結合を分
断する方法。

◎ 蛍光染料

　このほかに、蛍光染料を使用する方法もあります。これは太陽
光の紫外線を吸収するかわりに青白い光を発光する染料で、エス
クリンといいます。1929 年にセイヨウトチノキという樹木から
発見されました。

　以上のような方法を選択、あるいは併用すると、多くの黄ばん
だ生地は、もとの白い生地によみがえるというわけです。

蛍光染料の仕組み

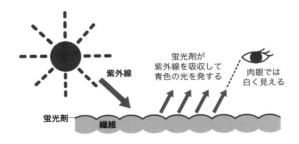

05 シックハウス症候群って何？

> 「シックハウス症候群」は 2000 年前後から問題になったもので、
> 新築の家に移り住むと気分が憂鬱になったり、健康が優れなく
> なるといったものです。いったい何が原因なのでしょうか。

◎ シックハウス症候群

「シックハウス症候群」とは、新築の住居などで起こる倦怠感・
頭痛・湿疹・呼吸器疾患などの体調不良の総称です。家だけでな
く、新品の自動車でも同様の症状が現れることが知られています。

不思議なことに、古い家や中古の自動車などにはこのような症
状は現れません。なぜ新品にだけ現れるのでしょうか。

シックハウス症候群の原因は、**揮発性有機化合物**（Volatile
Organic Compounds、VOC）と考えられています。つまり新し
い建築用材、建築用接着剤、塗料、新しい自動車内装材などから
浸み出した VOC の気体が原因なのです。

古い家や中古自動車では VOC が出尽くしており、新たに出て
くることがないので被害も現れないということです。また被害者
も、化学物質に敏感な人、一般に化学物質過敏症といわれる人に
多いようです[*1]。

◎ ホルムアルデヒド

VOC には多くの種類がありますが、建材や内装材に含まれ、

[*1] さまざまな種類の微量化学物質に反応して苦しむ「環境病」で、重症になると通常の
生活が営めなくなるケースもある。

毒性が特に強いといわれるものにホルムアルデヒド $H_2C = O$ があります。

　ちなみに、ホルムアルデヒドの 30% 濃度ほどの水溶液をホルマリンといいます。中学や高校の理科室で、ガラスの広口瓶に入ったヘビやカエルの白くなった標本を見たことはないでしょうか。あの瓶に入っている無色の水のような液体がホルマリンです。ホルマリンはタンパク質を硬化して固めてしまう有毒性のものです。こんなものを吸ったのでは化学物質過敏症でなくともおかしくなろうというものです。

◎ ホルムアルデヒドはプラスチックの原料

　プラスチックには2種類あります。ポリエチレンのように温めるとやわらかくなる熱可塑性樹脂と、鍋の握りなどに使われる、温めてもやわらかくならない熱硬化性樹脂です。

　ホルムアルデヒドはこの熱硬化性樹脂の原料です。原料といっても化学反応の原料ですから、反応が済めばまったく別の物質に変化してしまい、毒性は消えます。

　しかし、極めて少量の原料は未反応のまま製品中に残ります。これがジワジワと浸み出してくるのです。熱硬化性樹脂はベニヤ板などの接着剤にも使われます。ということで、新築家屋は各種の VOC に満ち、そこに住む人の健康を害するということになったのです。

　ただ最近はホルムアルデヒドを用いない建材や接着剤の開発も進み、シックハウス症候群の被害は軽減されつつあります。

06 プラスチックって何？

私たちの身のまわりはプラスチックであふれています。家電製品の多くはプラスチックで覆われていますし、衣服も合成繊維（プラスチックの一種）です。

◎ プラスチック＝高分子

プラスチックは一般に「高分子」といわれます。高分子とは「分子量が大きいもの」のことで、たくさんの原子からできた大きな分子という意味です。

しかし、高分子というのは、単に大きな分子という意味ではありません。「小さな単位分子」が何百個、ときには数万個もつながった分子なのです。その意味では鎖にたとえるのがよいでしょう。鎖は非常に長いものですが、その構成単位は簡単な丸いワッカです。このワッカが何百個も、長い鎖なら何万個もつながっているイメージです。

◎ ポリエチレンの構造

化合物の名前はギリシア語の数詞をもとに決められます。ポリエチレンの「ポリ」は「たくさん」という意味です。つまり、ポリエチレンは「エチレンがたくさん結合したもの」という意味なのです。エチレンという分子は $H_2C = CH_2$ という、大変に簡単な構造の分子です。

　簡単な構造ですが、生物学的には重要なはたらきをする分子です。つまり、**植物の熟成ホルモン**です。青いうちに収穫した輸送中のバナナにエチレンを吸収させると、黄色く熟したバナナに豹変します。ポリエチレンはこのエチレン分子が1万個程度もつながった長大な分子なのです。

　原子の結合を表す1本の線（一重結合）は原子どうしの握手と見ることができます。つまりエチレンの2本線で表した炭素間の結合は2本の手を出しあった握手と見ることができます。ポリエチレンを作るときにはこのうち1本の握手をほどき、代わりに隣のエチレン分子と結合するのです。このようにして結合は次々と伸び、最終的には1万個ものエチレンが結合してしまうわけです。

　1万個の $H_2C = CH_2$ が結合したということは、2万個の CH_2 単位がつながったと考えても同じことです。

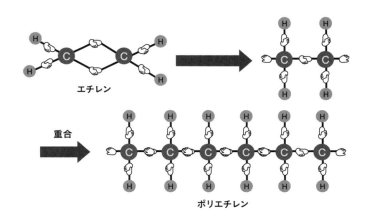

◎ 都市ガス、石油、ワセリン、ポリエチレンは全部兄弟

都市ガスは天然ガスであり、その成分は大部分がメタン CH_4 です。つまり炭素 C が 1 個と水素 H が 4 個です。同じく気体燃料のプロパンは $CH_3CH_2CH_3$ で炭素 3 個です。ガスライターのブタンは $CH_3CH_2CH_2CH_3$ で炭素 4 個です。

この調子で炭素を増やしていくと、気体が液体に変化し、炭素数 6 〜 10 個程度でガソリン、8 〜 12 個程度で灯油となります。そして炭素数 20 個程度になると固体のワセリン、そして 1 万個程度でガラスのように硬いポリエチレンになるのです。

つまりこれらの物質は炭素数が違うだけで、みんな同じような兄弟物質というわけです。

主な化学製品の製造過程と用途

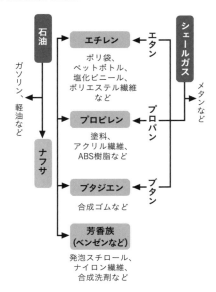

07 紙オムツはなぜ大量の水を吸うの？

私たちが日常的に使っている台ふきんは、自重の2〜3倍の水を吸うことができます。ところが紙オムツは、自重の1000倍近くもの水を吸います。どんな仕組みになっているのでしょうか。

◎ 高吸水性樹脂の保水力

紙オムツの吸水部分は**高吸水性樹脂（高吸水性ポリマー、SAP）**という一種のプラスチックでできています[1]。この樹脂は、多いものでは**自重の1000倍近くの重量の水を吸収する**といいます。これほど大量の水を吸収できる秘密は、この樹脂の分子構造にあります。

同じ樹脂（プラスチック）でも、ポリエチレンは長いヒモ状の分子です。しかし高吸水性樹脂は、このヒモの所々が結合し、三次元のカゴが連続したような構造をしています。したがって**吸収された水はこのカゴの中に閉じ込められて、簡単にしたたり落ちることができません**。これが高吸水性樹脂の保水力の秘密の1つめです。

◎ カゴ構造の拡大

でも、これだけでは自重の1000倍という保水力は説明できません。高吸水性樹脂の分子の所々には、$-COONa$ という原子団（置換基）が結合しています。樹脂が水を吸うと、この原子団が分

---

[1] 樹脂には松ヤニやうるしなどの「天然樹脂」と、石油等を原料に人工的に作る「合成樹脂」とがある。この合成樹脂を総称して「プラスチック」とよぶ。

解（電離）し、COO⁻というマイナスに荷電した原子団と、プラスに荷電したナトリウムイオン Na^+ になります。

　この結果、**樹脂についた COO⁻原子団が互いに静電反発を起こし、この静電反発がカゴの容積を拡大するはたらきをします。**これによりさらに多くの水を吸収し、そのおかげでさらにたくさんの COO⁻原子団が生成し、さらに多くの水を吸収する、ということのくり返しで、どんどん水を吸収していくというわけです。

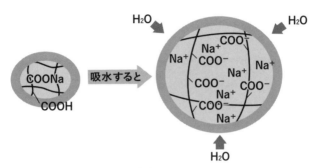

高吸水性樹脂が水を吸い込む仕組み
水をぐんぐん吸い込む力は浸透圧による。粒子の中でナトリウムイオン（Na^+）を放つので内側の濃度が高まり、外側の水との濃度差ができるため、水を中へと取り込む力がはたらく仕組みになっている。

◎ **砂漠を緑に**

　高吸水性樹脂の使い道は紙オムツだけではありません。現在注目されているのは砂漠に木を植えて緑化することです。砂漠に高吸水性樹脂を埋めて水を吸わせ、その上に木を植えるのです。

　木は、高吸水性樹脂が蓄えた水を吸収して育ちます。もちろん
この水は早晩使い切ってなくなりますが、少なくとも給水間隔を
大幅に伸ばすことは可能です。また、たまに降るスコールの水を
吸収することも可能です。

　現在、地球にある全陸地の4分の1は降水量より蒸発量の多い
砂漠地帯で、毎年日本の面積の4分の1ほどの面積が新たな砂漠
になっているといいます。高吸水性樹脂が砂漠化を食い止める手
立てのひとつとなればいいですね。

◎ 日本企業が高シェア

　2018年の世界における高吸水性樹脂の需要は年300万トンで、
そのうち日本触媒グループが約2割で世界一の生産シェアを誇り
ます。各国の経済成長や高齢化に伴うオムツの利用が増え、年5
～7％の成長が続いているといいます。紙オムツの高品質化と薄
地化が進むのとも相まって、SAPの使用比率はますます高まっ
ていくことが見込まれています。

SAPの主な用途

分　野	用　途
衛生用品	紙オムツ、ナプキン
農業・園芸	土壌保水剤、育苗用シート
食品・流通	保冷用ゲル剤
日用品	使い捨てカイロ、ゲル芳香剤
ペット用品	ペットシート
メディカル	廃血液固化剤

08 形状を記憶するブラの仕組みはどうなっている?

> 円盤状のプラスチック板をドライヤーで加熱すると縁がモクモクと立ち上がり、みずから変形してスープ皿になる、といった魔法のようなプラスチックがあるのをご存じでしょうか。

◎ 形状記憶のメカニズム

　円盤状のプラスチック板の縁を温めると、自分の昔の形を思い出してスープ皿になる（戻る）プラスチックがあります。こうした昔の自分の形状を記憶している高分子を**形状記憶高分子**といいます。

　形状記憶高分子が形状を記憶するメカニズムは、分子構造の三次元網目構造にカギがあります。そのメカニズムは次の通りです。

【形状を記憶するメカニズム】

① まず、網目構造の分子構造をもったプラスチックでスープ皿を作ります。この時点でこのプラスチックはスープ皿の形を記憶したことになります。すなわち、三次元網目構造とスープ皿の構造が一体化しているのです。

② 次にこのスープ皿を加熱して軟らかくします。

---

③ 軟らかくなったスープ皿を高圧でプレスして、無理やり円盤にします。

④ そしてその状態で冷却します。冷却された高分子は固まりますから、形状は円盤のままに固定されます。しかしこの状態では、三次元網目構造と円盤構造は一体化していません。仕方なく円盤形になっているのです。

⑤ この円盤を加熱します。すると柔軟になりますから、プラスチックは元のスープ皿に戻るというわけです。

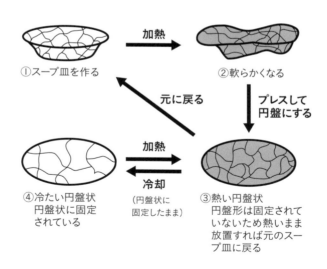

①スープ皿を作る

加熱 →

②軟らかくなる

元に戻る ↖

プレスして円盤にする ↓

④冷たい円盤状
円盤状に固定
されている

加熱 →
冷却 ←
(円盤状に
固定したまま)

③熱い円盤状
円盤形は固定されて
いないため熱いまま
放置すれば元のスー
プ皿に戻る

◎ 形状記憶高分子の用途

形状記憶高分子はさまざまなところで用いられています。

よく知られているのは、ブラジャーです。ブラジャーの美しいカップの形を保持する縁の素材も、この高分子でできています。ブラジャーを洗濯するとカップの形は崩れます。しかしこれを身に着けると体温でこの素材が自分の本来の形、すなわち美しい円形を思い出し、その形に戻るというわけです。

このような素材としては形状記憶金属という金属もあります。ブラジャーの縁も以前は形状記憶金属が用いられていましたが、プラスチックのほうが装着感がよいといった理由で、最近ではもっぱらプラスチックが用いられているようです。

しかし眼鏡のフレームのような機械的強度が必要なものには形状記憶金属が用いられます。金属と有機物（プラスチック）が同じ土俵で競いあう、まさしく現代科学を象徴するような出来事といえそうです。

また、分解容易なネジ止めというものもあります。「ネジ山のないネジ」を作り、その形状を記憶させます。次にこの「ネジ」を加熱して型に入れてネジ山を作ります。このネジを使って工具を組み立てます。工具が不要になって分解するときにはネジをドライヤーで加熱します。するとネジ山が消えるので、ネジは何の抵抗もなく外れ、工具は簡単に分解されるというわけです。

09 ダイヤモンドは炭と同じって本当？

炭は真っ黒で簡単に折れたり割れたりしますね。一方ダイヤモンドはガラスのように無色透明で、物質の中でもっとも硬いものといわれます。これらが同じとはどういうことでしょうか。

◎ 両方とも炭素でできている

ダイヤモンドと炭は、もちろん同じものではありません。まったく異なる物質です。ただ、両方とも炭素でできているという点では同じです。こうしたものは自然界にいろいろあります。

たとえば酸素分子とオゾン分子はまったく異なる物質（気体）ですが、両方とも酸素原子だけからできています。酸素の分子式は O_2 で 2 個の酸素原子からできていますが、オゾンは O_3 で 3 個の酸素原子からできています。

このように同じ原子からできているけれど、互いに異なる物質を同素体といいます。

炭素には多くの同素体があります。炭、黒鉛、ダイヤモンドのほか、20 世紀末に発見されたサッカーボールのように球形なフラーレン C_{60} や長い筒型のカーボンナノチューブなども炭素だけでできた物質であり、これらはすべて互いに同素体の関係にあります。したがって、炭もダイヤモンドもカーボンナノチューブも、燃やせばすべて二酸化炭素 CO_2 になります。

炭素の同素体

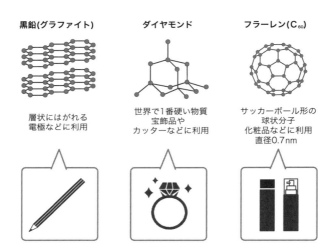

黒鉛(グラファイト)

層状にはがれる
電極などに利用

ダイヤモンド

世界で1番硬い物質
宝飾品や
カッターなどに利用

フラーレン(C₆₀)

サッカーボール形の
球状分子
化粧品などに利用
直径0.7nm

◎ 炭はダイヤモンドになる

　ダイヤモンドが初めて人為的に合成されたのは1955年のことでした。米国のジェネラル・エレクトリック社（GE）が金属溶媒を用いて温度1200〜2400℃、気圧5.5〜10万気圧で黒鉛(グラファイト) を原料とした合成に成功しました。

　その後、ダイヤモンドの合成技術は発達し、1996年の段階ですでに4000万カラットを生産するまでになり、自然に産する工業用ダイヤモンドの4400万カラットに追いつく状況となっています。

合成の当初は、得られたダイヤモンドは不透明で褐色のものでした。それでも硬度は本物のダイヤモンドと同じですから、もっぱら研磨材や切削材に使われました。

◎ 美しい合成ダイヤモンド

しかし現在では、無色透明で本物のダイヤモンドと区別できないような美しい合成ダイヤモンドや、青、ピンクなどに色づけされた合成ダイヤモンドが作られています [1]。

また、ペットや故人の遺髪、遺骨からダイヤモンドを合成する技術も開発されています。

このようにダイヤモンドの合成法は一般化してきたので、そのうちダイヤモンドの市場価格は暴落するのではないかという説もあるようです。

◎ フラーレンの用途

1985年にフラーレンを発見したクロトー、スモーリー、カールの3人は1996年度にノーベル化学賞を受賞しました。フラーレンは炭素電極を用いたアーク放電で合成でき、当初は1g 100万円などといわれました。現在ではトン単位の大量生産が可能になっています。

主な用途は、有機ELや有機太陽電池の有機半導体として利用する等の科学的なものから、活性酸素除去効果があるので化粧品にまぜるなどの生理的用途、果ては潤滑油にまぜるなどいろいろあります。

---

[1] これらの合成ダイヤモンドは天然物のダイヤモンドより安い価格で市販されているため、天然物と区別するために1個1個にレーザーでシリアルナンバーを刻んでいる会社もある。

～ コラム ～ 「純粋物質」

　私たちの身のまわりには数えきれないくらいたくさんの物質が存在しますが、そのほとんどは多くの物質のまじった「混合物」であり、ただ一種の物質からできた「純粋物質」は数えるくらいしかありません。厳密なことをいったら世の中に純粋物質など存在しないことになりますから、「ほぼ純粋」いうことにしましょう。

　「ほぼ純粋」なものとして、まずは水があげられるでしょう。しかし空気はダメです。これは窒素と酸素の混合物です。純度の高いものに調味料があります。食塩は塩化ナトリウムが99％以上です。次に砂糖があります。これも相当純度が高いです。特にグラニュー糖や氷砂糖は100％近いでしょう。味の素もほぼ純度100％です。もし無水エタノールがあったら、これも純度99.5％です。口に入れる可能性のあるもので高純度のものはこれくらいでしょう。

　ほかに純度が高いものは硬貨です。1円玉はアルミニウム100％ですし、10円硬貨は銅とスズの合金の青銅ですが、銅の含有量は95％とかなり高くなっています。電線に使わる銅も99％以上はあるようです。

　宝飾品では金製品は24Kの刻印があれば金100％ですし、プラチナもPt1000と刻印してあれば100％です。ダイヤは炭素の純品、ルビー、サファイアは酸化アルミニウムの純品、水晶類は酸化ケイ素の純品です。

　こうして見ると、意外と純粋品は少ないことがわかります。

第2章
「食卓」の化学

10 食品添加物にはどんなものがあるの?

市販の加工食品には多かれ少なかれ食品添加物が含まれています。それらには、味をよくするもの、外観をよくするもの、保存性をよくするものなどがあります。

◎ 食品添加物とは

食品添加物は、「『食品添加物』とは食品の製造過程で、または食品の加工や保存の目的で食品に添加、混和などの方法によって使用するもの」と定義されています(食品衛生法)。日本では、加工したり、保存したり、味をつけたりするときに使う調味料、保存料、着色料などをまとめて食品添加物とよんでいます[*1]。

◎ 味や食感をよくする添加物

食品添加物の代表は「香料」でしょう。

香料は食欲を引き立てる効果があります。ただし天然の香料は高価です。そこで人工的に作った合成香料が用いられることがあります。その中にはバニラのバニリンやミントのメントールのように、天然物そのものを人工的に作ったものと、天然物とは関係のない人工香料があります。

「食感」に影響するのが、乳化剤や増粘剤です。

水と油といった本来まじり合わないものをまぜて乳化させるのが乳化剤(脂肪酸エステル等)です。また、食品に滑らか感や粘

---

*1 食品添加物は厚生労働大臣が認めたもののみが使用でき、その安全性や有効性を科学的に評価している。

りを与えるのが**増粘剤**（アルギン酸ナトリウム等）です。

◎ 外観をよくする添加物

食品の外観（見た目）をよくする添加物もいろいろあります。

天然物につきものの黄褐色を漂白で除いたり（亜硫酸ナトリウム等）、ハムなどに赤い色を発色させるものがあります（亜硝酸ナトリウム等）。

食品に色をつける**着色剤**には、クチナシ（黄色）、ベニバナ（赤）、カロテン（オレンジ）などの天然物もあります。しかしこれらは高価なうえに、発色が鮮やかでない場合があるので、合成着色料が用いられることが多くなります。

合成着色料には14種類ほどが認められていますが、そのうち12種類はタール系色素といわれるものです。これはいわゆる「カメノコ」といわれるベンゼン骨格をたくさんもっています。

一般にベンゼン骨格をもつ化合物は発がん性を有することがあり、公に認められた着色剤には厳重な検査がおこなわれています。

◎ 保存性をよくする添加物

殺菌剤は有害な菌を殺すもので、作用の強い添加物になります。水道の殺菌に使われる次亜塩素酸ナトリウム $NaClO$、消毒に使われる過酸化水素 H_2O_2、オゾン O_3 などが用いられます。

一方、殺菌剤より作用の弱いものに**防腐剤**があります。細菌の増殖を予防するもので、安息香酸やソルビン酸がよく使われます。これらは天然物ですが、これを人工的に大量生産したものが一般

的に使われます。また、微生物の作りだすプロピオン酸はカビの発育を抑制する効果があり、チーズ、パン、洋菓子などに用いられます。

食品添加物の種類

1	2	3	4	5
食品の製造や加工に必要なもの	食品の栄養素を補充強化させるもの	食品の保存性を高め食中毒を予防するもの	食品の品質を向上させるもの	食品の風味や見た目を良くするもの
●凝固剤 ●かんすい ●乳化剤 等	●強化剤	●保存剤 ●防カビ剤 ●酸化防止剤 等	●増粘剤 ●安定剤 ●糊料 ●品質向上剤 等	●着色料 ●発色剤 ●漂白剤 ●甘味料 ●調味料　等

◎ 無添加は安全？

　ここまで見てきたように、私たちの食生活に添加物は欠かせないものです。ただ一方で「保存料不使用」「無添加」などと表記された食品のほうが安心・安全で体によいイメージをもつ方も少なくないでしょう。

　ところが、無添加食品が安全という科学的根拠はないうえ、無添加表示には行政で定められたルールがありません。

　必要以上に恐れることなく、じょうずに添加物と付き合っていきたいものですね。

11 人工甘味料って何?

> 「味覚」には5種類あって、甘味、塩味、酸味、苦味、旨味があ
> ります。このうち甘味は、人類に安らぎと幸福感を与える味と
> 称され、多くの人をとりこにしています。

◎ 甘味は幸福をもたらす?

「味」には美味しさだけでなく、いろいろの要素があります。たとえば塩味が強ければ毒性の金属成分が強い可能性があったり、酸味が強ければ植物の腐敗成分が強い可能性があります。

しかし、甘味にはそのような警告の意味はありません。甘いものは美味しく、多くの場合には人類を幸福に誘ってくれるのです。

◎ 砂糖の350倍も甘い「サッカリン」

私たちは甘いものといえば砂糖（ショ糖、スクロース）を思い浮かべます。しかし、天然のものには蜂蜜、果物、甘酒など、たくさんの種類があります。

ところが化学研究が進歩すると、そのような自然界に存在する甘味成分のほかに、もっと甘い化学物質が存在することがわかったのです。その最初の例が**サッカリン**でした。サッカリンが誕生したのは1878年のことでしたが、その甘味は砂糖の350倍という驚異的なものでした。

サッカリンは第一次世界大戦の物質窮乏の時代に驚異的に売れ

たものの、発がん性があるとの指摘が出され、1977 年には使用が禁止されました。ところが 1991 年、サッカリンの発がん性は誤りであることが判明し、現在ではその低カロリー性に注目して、ダイエット食品や糖尿病患者のための甘味成分として活用されています。

◎ もっとも甘い「ラグドゥネーム」

サッカリンのほかにも、各種の人工甘味料が登場しました。そのうち、チクロやズルチンは人の健康に害があるとの理由でフルイにかけられました。

手元にある飲料水のボトルに記載された成分表を見てみましょう。これを見ればわかる通り、アスパルテーム（砂糖の 200 倍の甘さ）、アセスルファムカリウム（同 200 倍）、あるいはスクラロース（同 600 倍）などといった聞きなれない名前の物質が並んでいます。ご参考のためにいくつかの物質の分子構造を並べておきます。

ちなみに現在知られているもっとも甘い物質はラグドゥネームで、その甘味は砂糖の 30 万倍ともいわれています。ただしラグドゥネームはまだ実用されていません。

サッカリン　　　　**アスパルテーム**　　　　**アセスルファムカリウム**

　ではここでスクラロースの構造式を見てください。

　スクラロースは砂糖（スクロース）と名前が似ているだけでなく、構造式もソックリです。違いは砂糖の3個の「OH原子団」が塩素原子「Cl」に置き換わっているということです。これはスクラロースが、DDTやBHC（いずれも殺虫剤）と同じ有機塩素化合物であることを如実に示しているのです。スクラロースは120℃以上に加熱されると、塩素を発生するともいわれています。

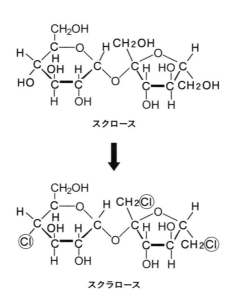

スクロース

スクラロース

12 発酵食品って何？

お酒、味噌、醤油、納豆、漬物と、日本の食卓には発酵食品が
たくさん並びます。洋食でも、ヨーグルト、チーズ、生ハムな
どがあります。菌が作りだす発酵食品を見てみましょう。

◎ 発酵食品とは

私たちは細菌に囲まれて、というより細菌にまみれて生活して
います。細菌も生物ですから、食品を食べなければなりません。
細菌は私たちの体そのものや、私たちの食品を食べて、繁殖して
います。

その際、人間にとって都合の悪い廃棄物を出すと**腐敗**とよばれ、
都合のよい廃棄物を出すと**発酵**とよばれます。腐敗と発酵はあく
まで人間の都合によって分類したものです。

発酵と腐敗の違い

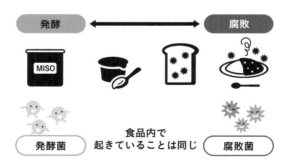

　発酵としてよく知られたものに**アルコール発酵**と**乳酸発酵**があります。アルコール発酵は酵母（イースト）という菌がブドウ糖を食べて、廃棄物としてアルコール（エタノール）と二酸化炭素を出すものです。このアルコールを利用したものがお酒で、二酸化炭素を利用したものがパンとなります。

　乳酸発酵はブドウ糖を分解して乳酸を発生する発酵です。ただし、「乳酸菌」という特別の細菌がいるわけではなく、乳酸を発生する細菌は何でもひとくくりに乳酸菌とよばれます。

◎ 発酵食品のいろいろ

　日本の調味料の多くが発酵食品です。味噌は豆を主原料とし、麦、米、大豆などから作った**麹菌**で発酵させたものです。醤油は大豆や小麦を原料とし、麦麹で発酵させたものです。

　穀物から作った醤油を穀醤（こくしょう）というのに対して、小魚を発酵させた醤油を魚醤（ぎょしょう）*1 といいます。食酢も米、ブドウなどをアルコール発酵させたうえで酢酸発酵したものです。

　大豆を**納豆菌**で発酵させた納豆は日本を代表する発酵食品でしょう。また野菜を塩で漬けた漬物も日数が経つと乳酸発酵し、独特の旨味が出てきます。

　牛乳を**乳酸菌**で発酵させたヨーグルトは、私たちの生活に欠かせない食品になっています。日本のバターは発酵させていませんが、ヨーロッパでは発酵バターが普通となっています。

---

*1　魚醤には秋田のショッツル、能登半島のイシール、高知県のキビナゴ醤油、タイのナンプラーなどがある。

生ハムや一部のソーセージは牛肉や豚肉を発酵させたものです。滋賀県で作るフナずしはフナとご飯を数か月漬けたもので、乳酸発酵食品です。乳酸の殺菌作用で雑菌が繁殖するのを防止しています。クサヤの干物は漬け汁を長期間保存することで乳酸発酵させ、独特の匂いと味を醸し出したものです。

発酵食品の例

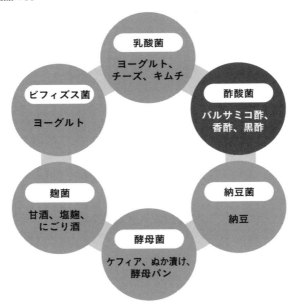

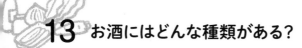

13 お酒にはどんな種類がある?

酵母菌による発酵によって作られるお酒は、エタノール（アルコール）を含む飲料のことをいいます。その原料、製法、含まれるエタノールの量によってさまざまな種類のお酒があります。

◎ アルコール発酵

自然に作るお酒は酵母菌のアルコール発酵によるものです。グルコース（ブドウ糖）に、自然界にすんでいる酵母菌（イースト）を加えると、酵母菌はグルコースを分解してエタノールと二酸化炭素 CO_2 を発生します。これを**アルコール発酵**といい、お酒だけでなく、パンを作るのにも使います。

ブドウにはたくさんのグルコースが含まれ、ブドウの葉や果皮には天然の酵母菌がすみついていますから、ブドウをつぶして貯蔵すれば自然にアルコール発酵が進行してワインができます。

一方、米や麦のような穀物にはグルコースは入っていません。かわりにたくさんのグルコース分子が結合したデンプンが入っています。したがって穀物をアルコール発酵するためには、その前にデンプンを分解してグルコースにしなければなりません。そのために使うのが麹菌や発芽した麦（麦芽）に含まれる酵素です。

このようにして作ったお酒を一般に**醸造酒**といいます。ワイン、日本酒、ビール、紹興酒などがこれになります。醸造酒に含まれるエタノールの量は体積で、多くても 15% 程度です。

日本酒は並行複発酵

「糖化」と「アルコール発酵」が同時に行われます

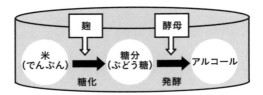

ビールは単行複発酵

「糖化」と「アルコール発酵」が別で行われます

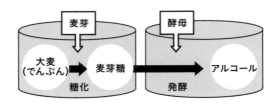

ワインは単発酵

原料に糖分が含まれるため
「アルコール発酵」が進みます

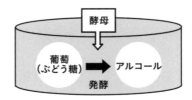

◎ 蒸留酒・リキュール

醸造酒を蒸留してエタノールの含有量を高めたお酒を一般に**蒸留酒**といいます。ブドウから作ったブランデー、麦から作ったウイスキー、糖蜜から作ったラム、リュウゼツランから作ったテキーラなどが有名です。ウォッカも有名ですが、ウォッカの原料は穀物、ジャガイモなど、いろいろなものが使われます。焼酎も米のほかに、イモ、麦など、各種の材料を使います。

蒸留酒のエタノール含有量は、蒸留の仕方によっていくらでも高くすることができます。焼酎の 20% 程度から、ウォッカやテキーラなどの 80% を超えるものまでいろいろあります。

蒸留酒に果実、樹皮、ヘビなどを漬けたものを**リキュール**といいます。日本では梅酒やマムシ酒が代表例です[*1]。

変わったお酒ではモンゴルで飲まれる馬乳酒があります。これは馬の乳汁から作るもので、馬乳に含まれる乳糖に入っているグルコースがアルコール発酵したものです。エタノール含有量は 1〜2% と低く、ヨーグルトに近い飲み物です[*2]。

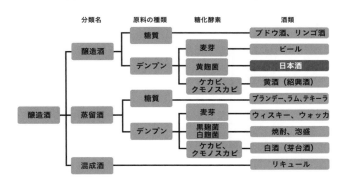

*1　マムシやハブなどの毒ヘビは毒をもっているが、ヘビの毒はタンパク質（タンパク毒）のため、エタノールに長時間漬けておくとアルコール変性して毒性を失う。そのためヘビ酒は飲んでも害はない。
*2　お酒として飲む場合には蒸留した「アルヒ」として飲む。

14 野菜や穀物は調理でどう変化する?

> 野菜の主成分はセルロースやデンプン、穀物の主成分はデンプンです。そのほかに少量のタンパク質、脂肪、それとビタミンなどの微量成分を含みます。

◎ セルロースとデンプンの構造

セルロースもデンプンも、たくさんのブドウ糖(グルコース)分子が結合したものです。ですからどちらも加水分解したら同じブドウ糖となって、貴重な栄養源となります。

ところがセルロースとデンプンではブドウ糖の結合の仕方が微妙に異なります。そのため、草食動物は両方を分解、代謝できますが、肉食動物や人間はセルロースを利用することはできません。

草食動物がセルロースを分解できるのは、腸の中にセルロース分解菌を飼っているからです[*1]。

デンプンにはブドウ糖が直鎖上につながったアミロースと、枝分かれしながらつながったアミロペクチンがあります。糯米はアミロペクチン100%ですが、普通の米(粳米)には20%ほどのアミロースが含まれます。

お餅の粘り気は、伸ばしたときにアミロペクチンの枝が互いに絡まるせいだといわれています。

[*1] もし人間も大腸菌やある種の乳酸菌と同じように、セルロース分解菌を腸に飼うことができるようになったら、世界の食糧事情は相当改善されることになる。

◎ アミロースの熱変化

アミロースは直鎖構造ですが、立体的にはラセン（バネ型）構造をしています。だいたいブドウ糖6分子で1回転しています。この状態のアミロースは整然とした構造であり、いわば結晶状態のようなもので、分子どうしの間隔が狭くなっています。したがって、アミロースの集合体の中に水や酵素が入るのは困難であり、消化しにくい状態にあります。この状態を$\overset{ベータ}{\beta}$−デンプンといいます。お米でいえば生米の状態です。

これを煮るとラセン構造が緩み、同時に結晶構造も緩みます。こうなると水や酵素が入りやすくなり、消化しやすい状態になります。これを$\overset{アルファ}{\alpha}$−デンプンといい、温かいご飯の状態です。

ところが、この状態で冷たくなるとまた元のβ状態に戻ります。しかし、水がないといつまでもα状態を維持します。これが昔、忍者などが食べたという焼米であり、非常食の乾パンや、パン、ビスケットなどもこれに似たものです。

◎ ビタミン類の喪失

このようなデンプンの熱変化のほかに、野菜を加熱すると、中に含まれるビタミンが分解されたり煮汁の中に溶け出したりして失われます。ビタミンKとナイアシン（ビタミンB_2）を除いたほぼすべてのビタミンは熱に弱いようです。またビタミンB、C等の水溶性ビタミンは、長時間水で洗ったり、煮たりすると失われてしまいます。

15 お肉は調理でどう変化する？

> 食用の「お肉」は、その大部分が筋肉であり、タンパク質がいろいろの形でまとまった集団です。それは鳥、豚、牛、魚のいずれも同じです。

◎ 筋肉の構造

　タンパク質は第6章で見るように複雑な立体構造をとっており、熱、酸・アルカリ、あるいはアルコールのような薬品によって不可逆的に変化します。これをタンパク質の変性といいます。食肉の調理は、このタンパク質の熱変性が基本となって進行していきます。

　図は筋肉の模式図です。筋肉は筋線維とよばれる細胞がコラーゲンの膜で束ねられた構造となっています。そして筋線維は長い線維状の筋原線維タンパク質と、そのあいだを埋める球状の筋形質タンパク質という2種のタンパク質からできています。

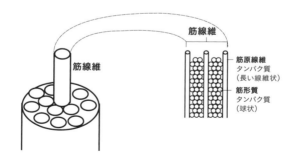

コラーゲンは美容効果があるといわれて人気ですが、そもそも動物の全タンパク質のうち 30% はコラーゲンであるといわれるほど量の多いタンパク質です。

◎ タンパク質の熱変性

肉を加熱するとかたさが徐々に変化します。その様子を次ページのグラフに表しました。これを見るとわかるように、60℃までは温度が高くなるにつれて次第にやわらかくなります。しかし 60℃を超えると急激にかたくなります。そして、75℃を超えると再びやわらかくなります。

こうした肉のかたさの不思議な変化は、筋肉を構成する3種類のタンパク質であるコラーゲン、筋原線維タンパク質、筋形質タンパク質のそれぞれが熱変性する温度が微妙に異なっているからです。

45 〜 50℃：筋原線維タンパク質が熱で凝固
55 〜 60℃：筋形質タンパク質が熱で凝固
65℃　　　：コラーゲンが縮んで最初の 3 分の 1 に短縮
75℃　　　：コラーゲンが分解されてゼラチン化

このような熱変性の温度と、グラフのかたさの変化を対照すると、肉を加熱して温度が高くなると筋原線維タンパク質は凝固してかたくなりますが、筋形質タンパク質はまだ固まっていないの

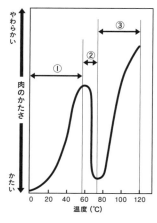

①筋原線維タンパク質が熱凝固。筋形質タンパク質は流動性があるため肉がやわらかくなる。

②筋形質タンパク質が熱凝固し、コラーゲンが縮むので肉はかたくなる。

③コラーゲンが熱分解し、ゼラチン化して肉はやわらかくなる。

で噛むとやわらかく感じられることがわかります。

　しかし60℃を超えると筋形質タンパク質も凝固するので肉全体がかたくなります。そして65℃を超えるとコラーゲンが縮むので肉は一挙にかたくなります。

　ところが75℃を超えると今度はコラーゲンが分解してゼラチン化するので、肉は再びやわらかくなる、ということです。

　肉を煮込むとコラーゲンの分解が進行し、肉はさらにやわらかくなっていきます。肉を長時間煮込んだ煮汁を冷やすとゼリー状になりますが、これはコラーゲンが分解されて煮汁に溶け出したことを示すものです。

　しかし、長く煮すぎるとコラーゲンの膜が溶けてなくなります。こうなると、肉の線維はバラバラになってしまい、肉としての歯触りがなくなってしまうので、肉の旨味は消えることになりかねません。

第3章
「薬と毒」の化学

16 抗生物質はカビから作ったの？

> 抗生物質とは、微生物が分泌する物質で、他の微生物の生存を脅かすもののことをいいます。私たちは抗生物質の多大な恩恵を享受してきた一方で、耐性菌の問題に直面しています。

◎ 抗生物質の種類

抗生物質とは、主に細菌などの微生物の成長を阻止する物質で、肺炎や化膿したときなどの細菌感染症に効果があります。

1929 年に青カビの作る**ペニシリン**という物質が、感染症の原因となるブドウ球菌などの発育を抑えることが発見されました。その後は次々と新たな抗生物質が発見され、たとえば当時は不治の病とされた結核も、**ストレプトマイシン**の発見で克服されました。

抗生物質の種類はたくさんあり、現在も新たな発見が続いています。2015 年のノーベル医学生理学賞を受賞した大村・キャンベル両氏の業績は、寄生虫を殺す効果の強いアベルメクチンという物質を発見したことでした。これは土中の細菌から発見した抗生物質[*1]で、アフリカの風土病ともいわれた寄生虫による失明を激減させました。

◎ 耐性菌

抗生物質はさまざまな病気に対して驚異的な治癒力を示した一

---

*1 イベルメクチンとよばれる医薬品。アベルメクチンを化学的に改変してさらに効果を高めたもの。

方、困った問題も起きました。それは、これまで抗生物質が効いた菌に、同じ抗生物質が効かなくなったことです。菌が抗生物質に対して抵抗力を獲得したことで、これを**耐性菌**といいます。

　耐性菌に対抗するためには、他の抗生物質を使わなければなりません。しかし、そのうち菌はその新しい抗生物質に対しても抵抗力を獲得するようになります。すると、また新しい抗生物質を探さなければならない、というイタチごっこが始まるのです[*2]。

　こうした事態を打開する方法は2つあります。1つは抗生物質をできるだけ使わないようにすること、そしてもう1つは、既存の抗生物質に化学的な反応を加え、分子構造の一部を変化させる（修飾）ことです。分子構造を変化させると、菌はそれを新しい抗生物質と勘違いし、耐性が効かなくなる可能性があります。

薬剤耐性の危険性

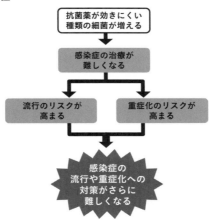

[*2]　実際に現れた耐性菌に、メチシリン耐性黄色ブドウ球菌（MRSA）がある。院内感染の起炎菌とされる菌だが、一時は抗生物質によって克服されたと考えられた。しかし耐性菌が現れ、その耐性菌を克服するための新しい抗生物質が開発され、さらにその抗生物質も効かない耐性菌が登場するといったイタチごっこが続いている。

17 覚せい剤や危険ドラッグって何？

麻薬を吸うと一時的に幸福感を感じるといいます。しかし、一度味わうとそこから抜け出せなくなり、やがて思考力や判断力が麻痺し、廃人になってしまうこともあります。

◎ 麻薬

麻薬、覚せい剤、危険ドラッグなどは、まとめて「麻薬」とよばれることがあり、精神に害をなす薬剤の代名詞のようになっています。しかし本来の麻薬とは、ケシからとれる薬物のことです。

ケシの若い実に傷をつけると樹脂がにじみ出しますが、これを乾固（かんこ）したものがアヘンであり、タバコのようにくすぶらして煙を吸います。

成分はモルヒネとコデインです。モルヒネに無水酢酸を作用させると麻薬の女王とよばれるヘロインになります。モルヒネ、コデインはガンなどの鎮痛剤として使われますが、ヘロインには強い習慣性があり、鎮痛剤も含めて積極的な利用法はないようです。

◎ 覚せい剤

麻薬が朦朧（もうろう）として桃源郷に遊ぶ感覚なのに対して、覚せい剤は頭がさえたような錯覚を覚え気分が高揚します[1]。

日本薬学界の生みの親といわれる長井長義（ながい ながよし）は黄麻（こうま）という植物からエフェドリンというゼンソクに効く成分を単離することに成功

---

[1] 一方で食欲を減退させ、血圧の上昇や心拍数の増加を引き起こす。単純作業の能率や瞬発力を必要とする運動能力は高まるが、集中力や思考作業の能率、耐久力を必要とする運動能力は低下する。

しました。そこでこれを化学合成しようと研究しているあいだに発見（発明）したのがメタンフェタミンでした。同じ頃ルーマニアでアンフェタミンが合成されました。

メタンフェタミンとアンフェタミンには眠気をとり、意識を覚せいする作用があることから覚せい剤とよばれるようになりました。メタンフェタミンは1943年にヒロポンの商品名で市販され、忙しい会社員や受験生のあいだで広く愛用されました。

ところが、常用すると麻薬とまったく同じ習慣性のあることがわかり、大きな社会問題となりました。ヒロポンの中毒者は100万人を超えたといわれます。

覚せい剤の薬物構造式

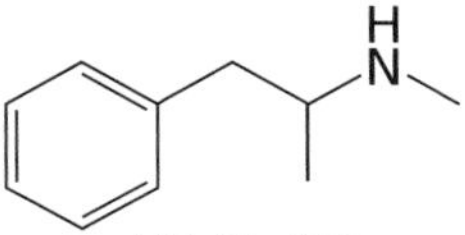

メタンフェタミン

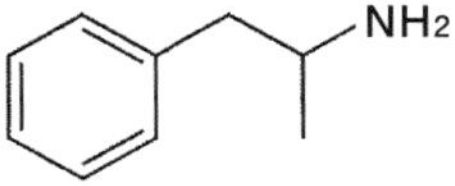

アンフェタミン

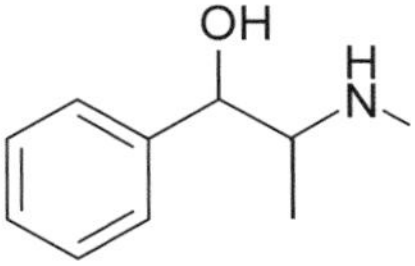

エフェドリン

覚せい剤とは、アンフェタミン、メタンフェタミン及びその塩類を指す。薬理作用などが非常に類似しているのが特徴。

◎ 危険ドラッグ

　麻薬も覚せい剤も法令によって所持、使用することが禁止されています。しかし、法令で禁止するのは典型的な麻薬だけです。化学の知識がある者なら、これらの麻薬の分子構造の一部を変化させることは容易です。

　このようにしてできた薬品は法令の規制の網に引っかからなかったのです。しかし、使用感は普通の麻薬と同じかそれ以上であり、使用後の害悪も同じです。しかも、闇で作られた薬品ですから、安全性は誰も検査していません。このような薬品を危険ドラッグというわけです [*2]。

　しかしその後法令は改正され、このような危険ドラッグも一様に取り締まりの対象となりました。

麻薬と危険ドラッグの例

麻薬

テトラヒドロカンナビノール（大麻の成分）

危険ドラッグ

DON（2,5－ジメトキシ－4－ニトロアンフェタミン）

＊ DON は 2000 年に指定薬物に指定された

---

*2　危険ドラッグは、「お香」「バスソルト」「ハーブ」「アロマ」など、一見しただけではわからないように偽装して販売されている。色や形状もさまざまで、粉末・液体・乾燥植物など、見た目ではわからないように巧妙に作られている。

18 毒性をもつ植物にはどんなものがある?

美しい花をつける植物ですが、植物の中には猛毒をもつものが
あります。美しいからといってむやみににおいをかいだりする
とトンデモナイ目に遭うかもしれません。

◎ スイセン

スイセンには、植物体全体にヒガンバナの毒成分と同じリコリ
ンを含んでいます。スイセンの葉をニラと間違えて食べて食中毒
を起こすケースがあります。また、リン茎（球根）を浅葱と間違
えたという事故もあります。

毒性は強くなく、おう吐性もあるので、重症になる例は多くな
いのですが、ニラと間違えた場合には大量に食べることが多いの
で、命にかかわる例も出てきます。注意が肝要です。

◎ イヌサフラン

クロッカスに似た薄紫の美しい花ですが、植物体全体にコルヒ
チンという毒を含みます。誤って摂取すると皮膚の知覚が麻痺し、
重症になると呼吸麻痺で死亡します。山菜のギョウジャニンニク
と間違えて食べるケースが多いのですが、リン茎を玉ねぎと間違
えることもあるようです。

◎ スズラン

清楚な花の代表のような花ですが、植物体全体にコンバラトキシンという毒を含みます。摂取した場合には、おう吐、めまい、心不全、心臓麻痺などの症状を起こし、重症の場合は死に至ります。ギョウジャニンニクと間違えて食べることが多いようですが、スズランを活けておいた花瓶の水を誤って飲んだ子どもが命を落とした事故もあるそうです。

花のにおいをかいだだけでも眩暈を感じることがあるそうですから、特に心臓に疾患のある人は注意したほうがよいでしょう。

◎ トリカブト

日本を代表する猛毒の植物です。花から根まで、植物体全体に猛毒、アコニチンがあります。食べたらもちろん、樹液が傷口から入っただけでも中毒になります。

山菜のニリンソウの葉に似ているため、食中毒事故が起こります。猛毒である一方で、漢方薬では強心剤として使われます。

◎ キョウチクトウ

キョウチクトウは排ガスに強いので街路樹などに用いられますが、強い毒性があります。花、葉、枝、根など植物体すべてに毒があるだけでなく、周辺の土壌にまで毒が広がります。

生木を燃した煙にも毒があり、腐葉土にしても1年間は毒性が残るといいます。キョウチクトウの枝をバーベキューの串にして、死亡した例もあります。

19 毒キノコにはどんなものがある?

日本には 4000 種以上のキノコがあるとされていますが、そのうちの 3 分の 1 は毒キノコといわれます。主な毒キノコと注意点を見てみましょう。

◎ カエンタケ

最近になって住宅地の近くでも発見されるようになったキノコに「カエンタケ」があります。名前の通り、オレンジ色で炎のような形の不気味なキノコですから、食べる人はいないでしょう。

しかし、このキノコは触っただけでも皮膚が炎症を起こして痛くなり、食べた場合には死に至ります。内臓全般に症状が現れ、治っても小脳萎縮などの後遺症が出ます。

毒はカビ毒（マイコトキシン）の一種であるトリコテセン類が検出されています。

◎ ニガクリタケ

ほぼ 1 年を通して目にすることのできる小型のキノコで、食用のクリタケに似ています。生では苦味がありますが加熱すると苦味はなくなります。しかし強い毒性はそのままですから、死亡例がたくさんあります。

一方、この毒キノコを長期間の塩漬けなどによる毒抜きをして食べる習慣のある地域もあります。毒成分が何かは明らかになっ

ていません。

◎ ヒトヨタケ

　このキノコは成熟すると自己消化酵素によって溶け、一晩で黒い液体になることからこの名前がつきました。味は美味しいキノコで、通常は毒性もないのですが、一緒にお酒を飲むと大変です。

　お酒に入っているエタノールは、体内でアルコール酸化酵素によって酸化されて有毒なアセトアルデヒドになります。これはアルデヒド酸化酵素によって酸化されて無害な酢酸になります。

　ところがヒトヨタケはこのアルデヒド酸化酵素のはたらきを阻害します。そのためアルデヒドがいつまでも体内に残り、重度の二日酔い症状になるのです。症状は4時間ほどで消えますが、体内に入った毒は残り、1週間程度は同じことが起こるそうです。毒成分はコプリンです。

◎ スギヒラタケ

　かつてこのキノコは食用キノコとされていました。ところが2004年秋、腎機能障害をもつ人が食べて急性脳症を発症した事例が新聞で報道されました。すると同じような症例が相次いで報告されたのです。

　結局、同年中に東北・北陸9県で59人が発症し、うち17人が死亡しました。発症者の中には腎臓病の病歴がない人も含まれていました。

　スギヒラタケが急に毒性を獲得したのか、それともそれまでの

中毒死は何か別の病名で片づけられていたのか、詳しいことはわかっていません。

　政府は今のところ、原因の究明が進むまで、腎臓病の既往歴がない場合でも本種の摂食を控えるようによびかけています。毒成分などの詳細も不明です。

毒の成分と主な症状

毒キノコの種類	毒成分	主な症状・症状が出るまでの時間
カキシメジ	ウスタリン酸	頭痛、おう吐、腹痛、下痢など
クサウラベニタケ	コリン、ムスカリン、ムスカリジン、溶血性タンパクなど	下痢、おう吐、腹痛など（10分〜数時間程度）
ドクツルタケ	アマトキシン類、ファロトキシン類など	おう吐、腹痛、下痢、肝臓や腎臓の機能障害（6〜24時間程度）
ツキヨタケ	イルジンS（ランプテロール）など	おう吐、腹痛、下痢など（30分〜1時間程度）
テングタケ	イボテン酸、ムッシモール、ムスカリン類など	腹痛、おう吐、下痢、けいれんなど（30分〜4時間程度）
ドクササコ	クリチジン	体の末端が赤く腫れて激痛が走る痛みは1か月続くことがある
タマゴテングタケ	ファロトキシン、アマトキシン	下痢、おう吐、腹痛（24時間程度）

20 毒性をもつ魚にはどんなものがある?

> フグは猛毒をもっていますし、貝も季節によって貝毒とよばれ
> る毒をもちます。美味しい魚介類ですが、注意も必要です。

◎ フグ毒

　フグには多くの種類があります。サバフグやハコフグのように無毒のフグもありますが、多くのフグは猛毒の**テトロドトキシン**をもっています。神経毒の一種で神経伝達を阻害し、全身の運動麻痺や呼吸困難を引き起こします。耐熱性に優れるため、加熱してもなかなか分解されず、毒を含む部位を食べた場合は、必ずといっていいほど中毒になります。フグを調理するには専門の資格が必要です。素人が料理するのはやめましょう。

　トラフグの毒は、血液、肝臓、卵巣にだけあります。したがってこれらを取り除けば他の部分は美味しく食べることができます。ところが能登半島ではこの猛毒の卵巣を食べます。1年ほど塩漬けし、それを水で塩抜きしたあと、糠でさらに1年ほど漬けるのだそうです。無毒なことは保健所が証明済みで、金沢では駅の売店でも売っています。

　フグはこの毒を自分で作るのではなく、餌から集めて体内に蓄積します。そのため、毒入りの餌を食べる機会のない養殖フグは無毒といいます。しかし、天然フグと養殖フグを同じ水槽で飼う

と、養殖フグに毒が移るといいますから、要注意です。

◎ 貝毒

多くの貝は一般に貝毒といわれる毒をもつことがあります。

フグと同様に、この貝毒も貝が自分で作るものではありません。餌のプランクトンに入っている毒成分（サキシトキシンやブレベトキシン）を自分の中にためているのです。

日本では各地の保健所が貝を検査して、毒成分が規定濃度以上になると警告を発するシステムが整っています。

◎ ヒョウモンダコ

魚介類の毒は、食べることで中毒を起こす毒ばかりではありません。噛まれたり、刺されたりすることによって中毒を起こす毒もあります。

そのようなものとして最近よく聞くのがヒョウモンダコです。体長10cmほどの小型のタコで、以前は日本近海にいなかったのですが、海洋温暖化によって日本の岩礁地帯にも現れてきました。気性の荒いタコで、怒ると全身に青い輪状の模様が現れます。これが豹の模様に似ているのでヒョウモンダコといいます。

毒成分はフグと同じテトロドトキシンです。噛まれると、この毒が傷から注入されますし、もちろん食べたらフグを食べたのと同じことになります。

海水浴の磯などで見つけても、捕まえようなどとは決してしないことです。

21 毒性をもつ金属にはどんなものがある?

金属はキラキラと冷たく輝き、毒とは無縁のように見えますが、
公害の原因になったり、歴史を動かすような毒性をもっている
ものもあります。

◎ 鉛 Pb

　釣りの錘やハンダの原料としておなじみの鉛には、神経毒があ
ります。歴史上有名な人物で鉛の犠牲になったといわれているの
がローマ皇帝ネロです。ネロは若くしてローマ皇帝になった傑物
ですが、皇帝襲位後5年も経つとローマ市外に火を放つなどの蛮
行が現れてきます。

　この原因の一端が鉛ではないかというのです。というのは、当
時のワインはブドウの品質や製法のせいで相当酸っぱかったとい
います。そこでおこなわれたのがワインを鉛製の鍋で加温してホ
ットワインにして飲むことです。

　ワインの酸味は酒石酸という酸によるものです。ところが酒石
酸は鉛と反応すると酒石酸鉛になり、この物質は甘いのです。こ
れは酸っぱいワインに砂糖を入れて誤魔化すのとはわけが違いま
す。酸っぱい物質を甘く変えるのです。つまり、酸っぱいワイン
ほど甘くなるということです。

　ベートーベンも同じような被害に遭ったといわれます。ベート
ーベンの時代にはワインに白粉（炭酸鉛）$PbCO_3$ を振って飲む

のが習慣でした。ベートーベンはことのほかにこれが好きで、そのため、晩年聾（ろう）に苦しんだのです。

　鉛は焼き物の釉薬にも含まれていることがありますし、クリスタルグラスには酸化鉛 PbO_2 が重さで 25 〜 35% も含まれています。梅酒のような酸味のあるお酒をクリスタルグラス製の瓶に入れておくと、鉛が溶け出す危険性もあるでしょう。

◎ 水銀 Hg

　水銀は熊本県水俣市で起こった水俣病の原因物質としてあまりに有名です。沿岸にあった化学肥料製造会社が化学反応の触媒として使った水銀のまじった廃液を水俣湾に廃棄し、その水銀が魚類によって**生物濃縮**されて沿岸住民の口に入って起きた事件でした。

生物濃縮

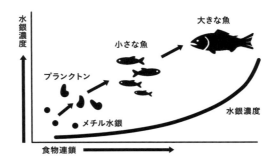

生物内に取り込まれた物質は、通常は代謝によって体外に排泄されるが、一部の物質は体外に排泄されず長期にわたって体内に蓄積されることがある。そのような物質が食物連鎖によって上位の捕食者に移動すると、上位の捕食者ほど蓄積した物質の濃度が高くなる。このような現象を生物濃縮という。

水銀は中国皇帝たちが愛用した「不老不死の薬」にも入っていたことで有名です。なぜこんな毒物を皇帝が飲んだのでしょうか。それは水銀の見た目にあります。水銀は表面張力の大きい液体金属です。そのため、てのひらに一滴乗せると蓮の葉の上の水滴のように、きらきらと輝いて休むことなく動き回ります。この様子はまるで「生きている」ようです。

　ところが水銀を400℃ほどに加熱すると、黒い個体の酸化水銀になります。「死んだ」のです。さらに加熱すると分解して元の水銀に戻ります。「復活、再生」したのです。フェニックスです。

　このようなものを飲んだら、「俺もフェニックスになれる」という哀しいほど単純な発想から出た行為のようです。歴代の中国皇帝の生活を細かく記した記録を調査すると、水銀中毒で死亡した皇帝を何人も特定することができるといいます。

〜 コラム 〜　「青酸カリ」

　毒として有名なのが青酸カリです。200mg（0.2g）で大人１人が死ぬといいます。でも青酸カリは人工の毒物です。しかも日本だけで年間３万トンも生産しているといいます。何に使うのでしょうか。

　青酸カリの水溶液は金を溶かします。そのため金メッキの必需品なのです。また、金鉱山で金鉱石から金だけを溶かし出して回収するのにも使います。いろいろな物に独特の使い方があるのですね。

第4章
「空気」の化学

22 空気は何からできているの？

私たちは空気に囲まれて生きています。空気がなかったら数分として生きていることはできないでしょう。このように大切な空気はいったい何からできているのでしょうか。

◎ 空気の成分

空気は単一の物質からできたものではなく、多くの成分からできた混合物です。空気を作る成分は主に窒素分子 N_2 と酸素分子 O_2 です。その割合は、体積で比較すると、窒素が 78.08%、酸素が 20.95%、アルゴンが 0.93%、二酸化炭素が 0.03% です。

水蒸気も多く、その割合は最大 4% 程度になりますが、1% を下回ることもあり、場所や時間によって大きく変動します。そのため、一般的に地球大気の組成は水蒸気を含まない「乾燥大気」での組成で表されます。

乾燥大気の主要成分

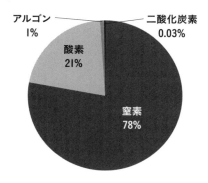

アルゴン 1%
二酸化炭素 0.03%
酸素 21%
窒素 78%

◎ 大気成分の鉛直構造

一口に空気といいますが、空気の成分は地表からの高度によって異なります。それは、空気を構成する気体成分の重さ（密度や分子量）、大気の流れ（気流）などの影響があるからです。

地表からの高度によって異なる各層の特徴を見てみましょう。

a：対流圏（0 ～ 9/17 km）

気温は高度とともに低下していきます。地表の温度の影響により、さまざまな気象現象が起こります。重量で見ると大気の成分の8割ほどが対流圏に存在します。対流圏の厚さは、赤道付近では17km 程度と厚く、極地方では9km 程度と薄くなります。

b：成層圏（9/17 ～ 50 km）

対流圏とは反対に、高度とともに気温が上昇します。成層圏という名称から、この層は対流圏のような擾乱のある層ではなく、安定した層構造であるかのような印象を受けます。たしかに対流圏ほど気象は活発ではありませんが、かといって完全な層構造でもありません。

この層の1つにオゾンホールでよく知られた、オゾン分子の多いオゾン層が存在します。

c：中間圏（50 ～ 80 km）

高度とともに気温が低下します。成層圏と中間圏は1つの大気循環で混合しているため、2つをあわせて中層大気とよぶことも

あります。

d：熱圏（80～約800 km）

　熱圏においては、高度とともに気温が上昇するのが特徴です。ただしこの気温は、気体分子のもつ熱エネルギーのことで、温度計が示す温度のことをいうのではありません。

　国際航空連盟やアメリカ航空宇宙局は便宜的な定義として、高度100 kmより外側を宇宙空間とする定義を用いています。

地球大気の鉛直構造

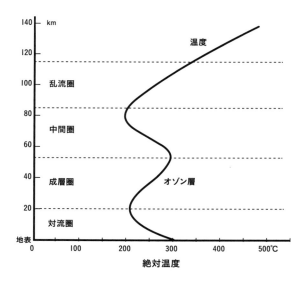

23 窒素って何の役に立つの?

空気の体積の約80%を占める窒素ガスは、不活性で反応性に乏しく、主に食品と一緒にビニール袋に封入されて食品の品質劣化を防ぐのに使われます。窒素の特徴を見てみましょう。

◎ 植物の三大栄養素

窒素は植物の成長に欠かせないものです。植物には三大栄養素といわれる窒素 N、カリウム K、リン P が含まれています。なかでも葉や茎などの植物体を作る窒素は重要な肥料とされています。

窒素は空気中に窒素分子として大量に存在します。しかしマメ科の一部の植物を除くと、植物は窒素分子を利用することはできません。

植物が栄養源として、あるいは人間が工業原料として窒素を使用するためには、窒素をアンモニア NH_3 のような他の分子に変えなければなりません。これを**空中窒素の固定**といいます。

自然界では雷などの自然放電によって窒素分子はアンモニアに変えられています。そのため雷の多い年は米が豊作となります[*1]。

◎ 空気をパンに変える方法

この空中窒素の固定を人為的におこなう方法が開発されたのは1906年のことで、ドイツの2人の科学者ハーバーとボッシュで

---

*1　雷を「稲妻」（稲の奥さん）とよぶのはこのため。

した[*2]。これは空気中の窒素と水を電気分解して得た水素ガスを、鉄化合物を触媒として、500℃・200 ～ 350 気圧という高温高圧のもとで反応させるのです。

このようにして得たアンモニアは、酸化されて**硝酸 HNO_3** となります。硝酸とアンモニアを反応させれば**硝酸アンモニウム**（硝安）NH_4NO_3 硝酸とカリウムを反応させれば**硝酸カリウム**（硝石）KNO_3 という、ともに優れた窒素肥料となります。

現在地球上には 77 億人が生活していますが、これだけの人類が食料を得ることができるのは、化学肥料と殺虫剤などの農薬のおかげです。つまり、**ハーバー・ボッシュ法は「空気をパンに変えた」**のです。

窒素の反応系統図

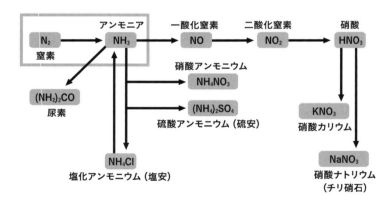

*2　フリッツ・ハーバーは 1918 年、カール・ボッシュは 1931 年にノーベル化学賞を受賞した。2 人とも当時のドイツ総統ヒトラーとの関係がうまくいかず、不幸な晩年を過ごしたとされている。

◎ 空気を爆薬に変える方法

　硝酸 HNO_3 は化学肥料に使われるほかにも重要な用途があります。それは爆薬です。

　銃の発射薬や爆弾に使われる火薬のトリニトロトルエン（TNT）は、トルエン*3 に硝酸を作用させて作られます。ダイナマイトの原料のニトログリセリンは、グリセリン*4 に硝酸を反応させて作ります。銃の発射薬や花火の打ち上げに使われる黒色火薬は、木炭 C と硫黄 S に硝石をまぜた混合物です。硝石は硝酸とカリウムを反応すればできます。

　かつて人尿から作られた硝石は貴重な物質でした。硝石がなくなったら戦争はできません。ところが、ハーバー・ボッシュ法のおかげで硝石はもちろん、TNT もダイナマイトも無尽蔵に作ることが可能になったのです。

　第一次世界大戦でドイツ軍が用いた火薬の大部分はハーバー・ボッシュ法によって作られたものといわれます。第二次世界大戦という未曽有の大規模戦がおこなわれたのも、現在世界の各地で紛争が絶えることがないのも、ハーバー・ボッシュ法のせいということもできるのです。

---

*3　トルエンは、炭素（C）が７つ、水素（H）が８つで構成された分子で、においが強く、いわゆるシンナー臭のもととなる。

*4　グリセリンは、食品添加物として、甘味料、保存料、保湿剤、増粘安定剤などに用いられている。医薬品や化粧品には、保湿剤・潤滑剤として使われている。

24 気体分子の飛行速度は旅客機の2〜10倍？

> 水は温度と圧力によって固体（氷）、液体、気体（水蒸気）になります。それぞれを「物質の状態」といい、すべての物質は温度と圧力によって状態を変化させます。

◎ 物質の状態と規則性

固体状態の物質はすべての分子が整然と積み重なり、位置と方向の規則性を保っています。しかし液体になるとこの規則性を失い、分子は移動を始めます。ただし分子間の距離は固体状態とあまり変わりません。ですから液体の体積と密度は固体と大差ありません。

しかし気体になると分子は互いに遠く離れて飛行を始めます。まるで飛行機のように飛び回るのです。その速度は絶対温度（摂氏温度 +273℃）のルートに比例し、気体分子の分子量のルートに反比例します。

25℃でのいくつかの気体分子の飛行速度は、水素が時速6930 km、酸素が時速1700 km です。旅客機の飛行速度は時速800 〜 900 km ですから、それの2倍から10倍近くもあることになります。

◎ 気体の体積

飛び回る気体分子は互いに衝突しますし、壁や私たちにも衝突

物質の状態変化

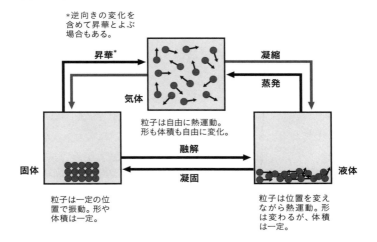

*逆向きの変化を
含めて昇華とよぶ
場合もある。

昇華* 凝縮

蒸発

気体

粒子は自由に熱運動。
形も体積も自由に変化。

融解

凝固

固体 液体

粒子は一定の位
置で振動。形や
体積は一定。

粒子は位置を変え
ながら熱運動。形
は変わるが、体積
は一定。

します。その衝突の衝撃を私たちは圧力として感じているのです。

　気体を風船に入れると、気体は風船のゴムに衝突して風船をふ
くらませます。しかし、風船はどこまでもふくらんで破裂するわ
けではありません。というのは、風船の外側には空気という気体
があり、空気の分子が風船を外側から押して風船を縮ませようと
するからです。

　この内側からの広げる力と外側からの縮める力（1気圧）のつ
り合った点で風船の大きさは一定になります。このときの風船の
体積を気体の体積というのです。ですから、気体の体積に占める
気体分子の体積はほんのわずかであり、大部分は真空の体積とい
うようなものなのです。

◎ 同じ個数の分子から成る気体の体積は皆同じ

　鉛筆に1ダースという単位があるように、分子には1モル(mol)という単位があります。1ダースは12個ですが、1モルは6×10^{23}個というモノスゴイ数です。

　1モルの分子の重さは分子量（にgをつけたもの）に等しいことが知られています。そして、1モルの気体の体積は、「気体の種類に関係なく」1気圧0℃で22.4Lであることが知られています。どうして気体の体積は気体の種類に関係しないのでしょうか。

　水で考えてみましょう。水の分子量は18ですから、1モルの水の体積は18mL、0.018Lです。これが水分子の実際の体積に近い数字と考えられます。

　ところがこの水を水蒸気にすると、1気圧0℃で22.4Lになります。つまり、この気体に占める水分子の実体積（18mL）は0.08％に過ぎません。水分子の実体積は気体の体積にほとんど影響しません。したがって、「気体の体積は気体の種類に関係しない」ということになるのです。

1モルの物質

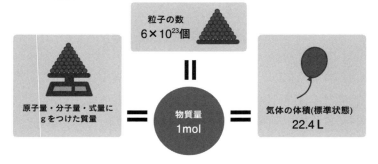

25　オゾンホールって何？

地球をとりまくオゾン層に「オゾンホール」とよばれる穴が空き、そこから有害な宇宙線が侵入してくるようになりました。そのため皮膚がんや白内障が増えているといいます。

◎ 宇宙の起源

宇宙は原子核反応でできています。宇宙ができたのは今から138億年前に起こったビッグバンという大爆発のせいです。この爆発によって、爆発の破片である水素原子が飛び散りました。霧のように飛び散った水素原子はやがて濃淡ができ、雲のような濃度の濃いところができました。ここは重力が大きくなり、さらに多くの水素原子を引きつけて高圧になり、やがて断熱圧縮や原子間の摩擦などによって高温となりました。

このような高圧高温によって、水素原子は2原子が融合して新たな1原子、つまりヘリウム原子が生じました。この反応は原子核融合とよばれる発熱反応で、周囲に莫大なエネルギーを熱や光として放出しました。これが恒星の姿であり、恒星の一員である太陽の姿でもあります。

◎ オゾン層

このような恒星、太陽からは高エネルギーの宇宙線とよばれる物質、あるいは電磁波が宇宙に放出され、その一部は地球にも達

します。

宇宙線のエネルギーはあまりに大きく、その破壊力は、もし宇宙線が地球の地表に達したら、すべての生物は死に絶えるといわれるほどのものです。それどころではなく、地球上にはそもそも生命体は発生しなかったであろうといわれるほどです。

しかし、現実の地球表面には人類をはじめとした多様な生命体が生命を紡いでいます。なぜでしょうか。

それはオゾン層が天然のバリアーとなって、宇宙線を防いでくれているからです。

オゾン層というのは地球を取り巻く大気のうち、成層圏といわれる部分の一部分であり、高度20〜50kmの部分です。この部分にはオゾンといわれる分子が特に多くなっています。

酸素原子は2個が結合して普通の酸素分子O_2を作ります。しかし3個の酸素原子が結合してオゾン分子O_3となることもあります。オゾンは濃度が濃ければ多少青っぽく、生ぐさい匂いのする気体です。このオゾンが宇宙線をさえぎってくれるのです。

◎ **オゾンホール**

ところが1985年頃、南極の上空でオゾン層がない地点が発見されました。これがオゾンホールです。研究の結果、オゾンホールは当時盛んに使用された、炭素、フッ素、塩素からなるフロンによって生じるものであることが明らかになりました。

フロンは人類が作り出した化学物質であり、天然界には存在しません。フロンには多くの種類がありますが、大部分は沸点の低

い、つまり蒸発しやすい液体です。そのためカーエアコンの冷媒、発泡剤、あるいは電子素材の洗浄剤として大量に生産使用されました。

　フロンとオゾンホールの因果関係が明らかになると、先進国のあいだにはただちにフロンの製造使用を縮小する取り決めが結ばれました。そのため、現在では被害は縮小傾向にあるといわれますが、まだまだ油断はできません。

フロンが破壊するオゾン層

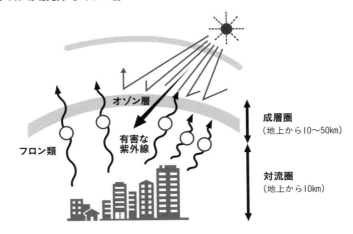

26 温室効果ガスって何？

地球は年々暖まりつつあるそうです。海水の温度膨張によって
今世紀末には海水面は50cm上昇するといいます。世界の大都
会の多くは海抜数十cmの低域に位置しているので大変です。

◎ 奇跡の惑星

　地球には太陽から絶えることなく、熱、光エネルギーが送られ
てきます。その一部は地表を温め、植物の光合成エネルギーとし
て利用されます。しかし、ほとんどすべてはやがて宇宙に放散
されます。その結果、地球上に残るエネルギーは、結局は0となり
ます。もしそうでなかったら、地球上には年々エネルギーが蓄積
されることになります。最終的にはその熱エネルギーによって地

地球のエネルギー収支

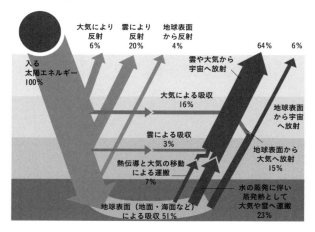

表は融けて溶岩状となり、地球全体はその誕生のときと同じような溶岩の塊となるでしょう。

そうならないのは、地球上の蓄積エネルギーバランスがうまくプラス・マイナスを保っており、熱くもならなければ冷たくもならないからです。考えてみれば地球はとんでもなく精妙なエネルギーバランスの上に成り立った奇跡の惑星といえるのでしょう。

◎ 温室効果ガス

ところが、最近地球の温度が上昇しつつあり、それが温室効果ガスのせいだという説が有力になりつつあります[1]。

温室効果ガスというのは、熱をため込む性質のあるガス（気体）のことをいいます。気体の温室効果は地球温暖化係数として化学的に計測されています。それは二酸化炭素を基準として相対数値で表されています。

温室効果ガスの特徴

温室効果ガス		地球温暖化係数	性質	用途・排出源
CO_2	二酸化炭素	1	代表的な温室効果ガス	化石燃料の燃焼など
CH_4	メタン	23	天然ガスの主成分で、常温で気体。よく燃える	稲作、家畜の腸内発酵、廃棄物の埋め立てなど
N_2O	一酸化二窒素	296	数ある窒素酸化物の中で最も安定した物質。他の窒素酸化物（例えば二酸化窒素）などのような害はない	燃料の燃焼、工業プロセスなど
オゾン層を破壊するフロン類	CFC HCFC類	数千～数万	塩素などを含むオゾン層破壊物質で、同時に強力な温室効果ガス。モントリオール議定書で生産や消費を規制	スプレー、エアコンや冷蔵庫などの冷媒、半導体洗浄、建物の断熱材など

*1 地球の温度が上昇しているとの説には異論もある。

基準の二酸化炭素はもちろん1です。ところが、問題になりそうな他の気体はすべて二酸化炭素より数値が大きいのです。都市ガスの主成分であるメタンは23で、オゾンホールで知られたフロンに至っては数千から1万にもなります。

◎ 地球温暖化の真の理由

　地球は寒い氷河期（ひょうがき）と暖かい間氷期（かんぴょうき）をくり返しています。現在は間氷期で、暖かいのは当たり前です。しかも、過去の氷河期、間氷期の長さはまちまちで、目下のところ規則性は発見されていません。

　つまり、現在の間氷期がこの先何万年も続くのか、それとも数千年先に終わるのか、だれも知りません。ということは、現在暖かいのは間氷期が持続する予兆なのか、それとも二酸化炭素のせいなのかは、明確に答えることができないのです。

　とはいえ、ほとんどの科学者は二酸化炭素の発生削減に賛成しています。それは過去の歴史を通じて、これだけ二酸化炭素が急激に増加した時代はなかったからです。現代は、人類未経験の領域に突入しかけているのかもしれません。

氷河期と間氷期

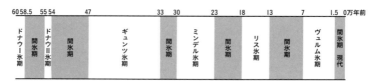

27 石油が燃えると どのくらい二酸化炭素が出るの?

二酸化炭素の削減には化石燃料の使用を控えなければならない
といいます。では、そもそも石油を燃やしたらどれだけの二酸
化炭素が発生するのでしょうか。

◎ 石油の燃焼と二酸化炭素

　地球には太陽熱が降り注ぎますが、その熱はいずれ、宇宙空間
に放出され、地球にたまることはありません。だから地球は常に
同じ温度でいられるのです。もし、太陽から来る熱をため込んだ
ら、地球の温度は上がり続け、地球はいつか溶岩の塊になるかも
しれません。

　ところが二酸化炭素などの温室効果ガスとよばれるものは熱を
ため込む性質があります。そのため、地球大気中の二酸化炭素濃
度が上がると地球の温度が上がるというわけです。

　温室効果のある気体は二酸化炭素だけではありません。地球に
及ぼす温室効果のうち、二酸化炭素によるものは3分の1に過ぎ
ないといわれます。大部分の3分の2は水蒸気によるものなので
す。

　しかし、水蒸気のもとになる水は海洋に満々と湛えられていま
す。ここから蒸発する膨大な量の水蒸気は人間の力でどうにかな
るものではありません。人間の努力で加減できるのはせいぜいが
二酸化炭素の発生量ということになります。

しかも、水蒸気の発生量は地球の温度に依存します。二酸化炭素を減らして地球温度を下げれば、結果的に水蒸気量も減ることになります。

温暖化の原因

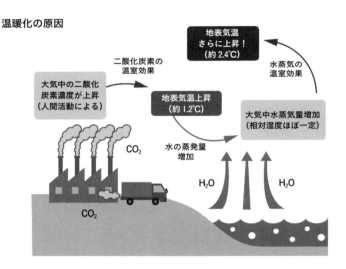

◎ 二酸化炭素の発生量

　石油が燃えるとどれだけの二酸化炭素が発生するのか、簡単な計算で求めてみましょう。石油の構造は単純です。図のように、基本的に CH_2 単位が何個（n 個）か並んだものです。この CH_2 単位が 1 個ならメタン CH_4 で天然ガス、3 個なら $CH_3CH_2CH_3$ でプロパンガス、4 個ならガスライターで使うブタンガス、それ以上 8 個程度までならガソリン、8 〜 12 個程度なら灯油となり

ます。それ以上なら重油です。

この CH_2 単位を1個燃やすと1個の CO_2 と1個の H_2O になります。つまりn個の CH_2 単位が並んだ石油が燃えるとn個の二酸化炭素が発生するのです。

分子量を計算すると CH_2 単位の分子量は $12 + 1 \times 2 = 14$ です。石油の分子量はこれのn倍ですから $14n$ となります。一方、二酸化炭素の分子量は $12 + 16 \times 2 = 44$ です。したがって発生したn個の二酸化炭素の全分子量は $44n$ となります。これは重さ $14n$ の石油が燃えると重さ $44n$ の二酸化炭素が発生することを意味します。

すなわち、燃えた石油の約3倍の重さの二酸化炭素が発生するのです。家庭用の20Lポリタンク（石油の比重を0.7として約14kg）1個分の石油が燃えると44kgの二酸化炭素が発生するのです。

石油の二酸化炭素発生量のすごさがわかるというものです。石油が燃えると発生するのは気体だから、重さがなくなるなどと呑気なことは言っていられないことになります。

炭素数	分子式	名称	化学式
1	CH_4	メタン	CH_4
2	C_2H_6	エタン	CH_3CH_3
3	C_3H_8	プロパン	$CH_3CH_2CH_3$
4	C_4H_{10}	ブタン	$CH_3(CH_2)_2CH_3$
5	C_5H_{12}	ペンタン	$CH_3(CH_2)_3CH_3$
6	C_6H_{14}	ヘキサン	$CH_3(CH_2)_4CH_3$
7	C_7H_{16}	ヘプタン	$CH_3(CH_2)_5CH_3$
8	C_8H_{18}	オクタン	$CH_3(CH_2)_6CH_3$
9	C_9H_{20}	ノナン	$CH_3(CH_2)_7CH_3$
10	$C_{10}H_{22}$	デカン	$CH_3(CH_2)_8CH_3$
11	$C_{11}H_{24}$	ウンデカン	$CH_3(CH_2)_9CH_3$
12	$C_{12}H_{26}$	ドデカン	$CH_3(CH_2)_{10}CH_3$
20	$C_{20}H_{42}$	エイコサン	$CH_3(CH_2)_{18}CH_3$

28 ドライアイスから出る二酸化炭素は危険？

炭素の酸化物には一酸化炭素と二酸化炭素が知られています。
このうち、一酸化炭素の猛毒性はよく知られていますね。では
二酸化炭素はどうなのでしょうか。

◎ 二酸化炭素の有毒性

二酸化炭素も弱いですが毒性があります。それは窒息性の毒で
す。濃度が3〜4％を超えると頭痛・めまい・吐き気などが起こ
り、7％を超えると数分で意識を失います。この状態が継続す
ると麻酔作用によって呼吸中枢が抑制され、やがて命を落とすこ
とになります。

二酸化炭素の濃度と人体への影響

二酸化炭素の濃度（％）	症状発現までの暴露時間	人体への影響
2〜3％	5〜10分	呼吸深度の増加、呼吸数の増加
3〜4％	10〜30分	頭痛、めまい、悪心、知覚低下
4〜6％	5〜10分	上記症状、過呼吸による不快感
6〜8％	10〜60分	意識レベルの低下、その後意識喪失へ進む、ふるえ、けいれんなどの不随意運動を伴うこともある

　二酸化炭素の発生源は炭素の完全燃焼です。**炭素を酸素の少ない状態で不完全燃焼させれば猛毒の一酸化炭素が発生**しますが、**十分な酸素存在のもとで燃焼させれば二酸化炭素が発生**します。どちらも危険物ですから、狭い空間で炭を燃やすのはとにかく避けるべきです。

　そのほかにも二酸化炭素の発生源はあります。それがドライアイスです。**ドライアイスは二酸化炭素の結晶**ですから、クーラーに入れたドライアイスやアイスクリームの冷却用にもらったドライアイスが融けたら（昇華したら）二酸化炭素になります。

　自動車などの狭い空間に大量のドライアイスを置いた場合には危険です。たとえば乗員室容積 2000 L の密閉した車内に 350 g（220 mL）のドライアイスを放置して全部気体になったとすると、車内の二酸化炭素濃度は約 10 ％となり、中毒を起こして意識不明に陥る危険性があります。

　特に注意すべきは、**二酸化炭素が空気より重い**[1] ということです。そのため、発生した二酸化炭素は室内の下方からたまっていきます。お母さんは何ともない場合でも、膝の上で眠る赤ちゃんには危険が迫っている可能性があります。

◎ 爆発・凍傷

　ドライアイスを密閉容器に入れるのは非常に危険です。ペットボトルに入れて遊んでいるうちにドライアイスが昇華して内部が高圧になり、ちょっとした衝撃で破裂して顔面に深い傷を負う事故が多発しています。ペットボトルのキャップが飛んで目に当た

---

[1]　空気の分子量は 28.8、二酸化炭素の分子量は 44。

り、失明した事故もあります。ガラス瓶に入れることも大変危険なのでやめましょう[*2]。

　ドライアイスの温度はマイナス 78.5℃です。軽く触った程度なら、昇華した二酸化炭素がドライアイスと手のあいだに挟まって、緩衝材の役を果たすので大したことになりません。しかし、長いあいだ触れていたり、濡れた手で触れると凍傷になる可能性があります。

　ドライアイスは身近な物質ですが、意外な危険性をはらんでいます。注意することが大切です。

ドライアイスの特性と事故の内容

	ドライアイスの特性	事故の内容
(1)	極低温の物質である ⇒マイナス78.5℃	接触による凍傷
(2)	すぐに気体化して膨張する ⇒体積が約750倍に膨張	密閉容器の破裂
(3)	気体化した二酸化炭素は低い所にたまる ⇒二酸化炭素は空気より重い	換気不十分な所での酸素欠乏状態 （酸欠）

【対策】
① 直接触らない
② 密閉容器に入れない
③ 換気が不十分な密閉空間で扱わない

[*2] 中学生がインク瓶に入れて観察している様子を後ろからお母さんが見ていたところ、インク瓶が破裂してガラス片が飛び、お母さんの頸動脈が切れて亡くなったという事故もある。

第5章
「水」の化学

29 なぜ塩は水に溶けるのに バターは溶けないの？

水とアルコールは溶けあってお酒になりますが水と油が溶けあうことはありません。溶けあうものと溶けあわないものがあるのはなぜでしょうか？

◎ 似たものは似たものを溶かす

２種類以上の成分をもった液体を**溶液**といいます。溶液の成分のうち、溶かされるものを**溶質**、溶かすものを**溶媒**といいます。たとえば塩水の場合、塩が溶質、水が溶媒です。溶液については一般に「似たものは似たものを溶かす」ことが知られています。

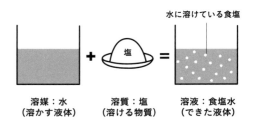

溶媒：水
（溶かす液体）

溶質：塩
（溶ける物質）

水に溶けている食塩

溶液：食塩水
（できた液体）

水の分子式は H_2O で、その構造式は H–O–H ですが、水素 H と酸素 O では電子を引きつける力に違いがあり、酸素のほうが強いのです。その結果、酸素は電子を引きつけてマイナスに、水素は電子を奪われてプラスに荷電し、H^+–O^-–H^+ のようになり

ます。このように分子内にプラスの部分とマイナスの部分をもつ
ものを一般に**イオン性物質**（極性物質）といいます。

　塩（塩化ナトリウム）もイオン性物質であり、Na^+Cl^- となっ
ています。このように塩と水は互いにイオン性物質で似ているか
ら溶けるのです。

◎ 似ていないものは溶けあわない

　それに対して油は有機物であり、イオン性物質ではありません。
そのため、水と油は溶けあわないし、塩は油に溶けません。しか
し、油と同じ有機物であるバターは油に溶けます。

　貴金属である金は、硝酸と塩酸の１：３の混合物である王水以
外の何物にも溶けないといわれますが、水銀には溶けて泥のよう
な金アマルガムという合金になります。それは水銀が液体の金属
であり、金と同じ金属だからです。しかし水銀は、水や油を溶か
すことはありません。

溶けるものと溶けないもの

		イオン性 NaCl 塩化ナトリウム	有機化合物 バター	金属 Au 金
溶媒	イオン性 H_2O　水	○	×	×
	有機化合物 油	×	○	×
	金属 Hg　水銀	×	×	○

◎ 金メッキ

　奈良の大仏は、現在はブロンズの肌が露出してチョコレート色ですが、創建された天平時代には金メッキされて金色に輝いていました。電気のない天平時代にどうやって金メッキをしたのでしょうか[*1]。

　メッキは電気がなくてもおこなうことができます。金アマルガムを使うのです。アマルガムとは水銀と他の金属との合金の総称で、金アマルガムは古代からメッキを作る際に利用されてきました。

　金と水銀を一定比率で混合したアマルガムを銅でできた大仏の表面に塗ったあと、大仏の内部から金属に炭火を押しつけて加熱します。すると沸点が357℃と低い水銀は蒸発して気体となり、アマルガムから抜け出してしまいます。この結果、大仏の表面には金だけが残って金メッキされるというわけです。

　しかし、蒸発した水銀は気体となって大気にまじり、雨にまじって地上に落ちて地下に浸透したことでしょう。水銀は公害の水俣病でわかる通り、大変に有害な金属です。水銀で汚染された奈良の都にはいろいろの水銀公害が起こったのではないでしょうか。奈良の都が80年後に長岡京に遷都したのはこのような背景もあったのではないかといわれています。

*1　メッキは金属や樹脂などの素材の表面に銅、ニッケル、クロム、金といった金属の薄い被膜を素材に析出させる技術。電気エネルギーによって溶液中の金属イオンを還元し、素材に被膜を形成させる方法が一般的。

30 金魚が水面で口をパクパクするのはなぜ？

金魚鉢で生活する金魚に異常が現れたら、金魚鉢内の環境に何らかの変化が生じた可能性があります。口をパクパクさせていることがよくありますが、何が起きているのでしょうか。

◎ 溶解度

金魚が口をパクパクするのは、えさを探しているからではありません。酸素を探しているのです。

金魚も動物の一種ですから、酸素がなければ生きられません。金魚は水中に溶けた酸素を吸って生きています。その水中の酸素が少なくなると、空気中の酸素を求めて口を空中に出し、パクパクと空気を吸うわけです。

一定量の溶媒に溶ける溶質の量を**溶解度**といいます。次ページのグラフ A は食塩（塩化ナトリウム）や硝酸カリウムなどの結晶（固体）の溶解度の温度変化を表したものです。

グラフ A

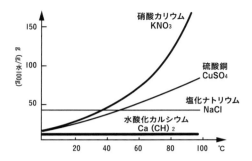

塩化ナトリウムや水酸化カルシウム（消石灰）では温度が変化しても溶解度に目立った変化はありません。しかしその他の例では、温度が上がると溶解度も上昇することがわかります。これは日常生活でも体験することです。砂糖を溶かす場合、水よりもお湯によく溶けます。

◎ 気体の溶解度

グラフ B は気体の溶解度の温度変化を表したものです。気体の溶解度のグラフは固体のものに比べて右下がりになっています。つまり、温度が上がると溶解度が下がっているのです。

金魚がパクパクした原因はここにあります。水の温度が上がると、酸素の溶解度は明らかに下がっています。夏には金魚鉢の水温も上がりますから、そうすると水中の酸素（溶存酸素）も減ってしまいます。その結果、金魚は酸素不足になって、苦し紛れに空中の酸素を吸おうと、口を出して空気を吸っているのです。

グラフB

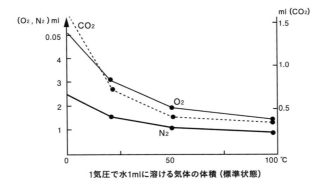

1気圧で水1mlに溶ける気体の体積（標準状態）

◎ 一番風呂の怪現象

　一番風呂に入ると体の毛、体毛の先に小さな泡がたくさんついて、体が銀色に輝くのを体験したことはないでしょうか。これも気体の溶解度に関係した現象です。

　冷たい水を温めると空気の溶解度が落ちます。つまり、お風呂のお湯の中には、溶けきれないほどの空気が溶けているのです。このような状態を**過飽和**といいます。過飽和の状態を刺激すると、溶けきれなかった気体が泡となって出てきます。これが体毛についた小さな泡なのです。

　しかしこの現象が現れるのは一番風呂だけです。2番目に入ったときにはお湯の中の余分な空気はすでに泡となって出てしまったので、改めて泡が出ることはありません。細かいことですが、自然現象にはすべて合理的な原因があるのですね。

31 水で魚が焼けるオーブンの仕組みとは？

水を使ったウォーターオーブンでは、水で魚を焼くことができるそうです。この仕組みは、下着のヒートテックと同じ原理です。いったいどんな仕組みになっているのでしょうか。

◎ 状態変化

水で魚を"煮る"のならわかりますが、水で魚を"焼く"とはどういうことなのでしょうか。じつはこれ、「水」というよりは「水蒸気」で魚を焼くのです。どのような物質も同じですが、水も圧力と温度によって状態が変化します。

1気圧のもとなら、0℃（融点）以下では「結晶状態」の氷。0～100℃（沸点）のあいだなら「液体状態」の**水**、そして100℃以上では「気体状態」の**水蒸気**になります。

「気体状態の水」、すなわち水蒸気は「液体状態の水」とはまったく違います。空気と同じような気体なのです。このような変化を一般に**状態変化**といいます。

◎ 過熱水蒸気

普通の気体と同じように、水蒸気も200℃にでも500

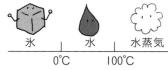

℃にでも加熱することができます。このような高温の水蒸気を特に**過熱水蒸気**といいます。

　ウォーターオーブンで使うのは「水」といっても液体状態の水ではなく、この過熱水蒸気です。つまり、普通のオーブンが高温に加熱した「気体状態の空気」を使って食品を加熱するのに対して、ウォーターオーブンでは高温に加熱した「気体状態の水（水蒸気）」を使って食品を加熱するのですから、別に奇異な話ではないということです。

スチームと過熱水蒸気の違い

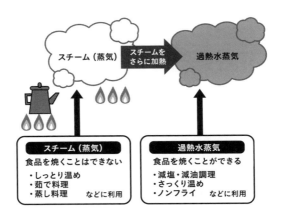

◎ 凝縮熱

　でもそれだけだったらわざわざ水蒸気を使わなくても、空気を使えばよいだけのことです。水蒸気を使うのには何か理由があるのではないでしょうか。そのカギとなるのが凝縮熱です。

　夏に打ち水をすると涼しくなりますね。それは水が気化して水

蒸気になるときに気化熱（蒸発熱）を奪うからです。100℃の水1gが気化して100℃の水蒸気になるときには540calの熱を奪います。

凝縮熱というのはこれと反対の熱です。つまり、100℃の水蒸気1gが100℃の水になるときには540calの熱を放出するのです。

つまり高温の水蒸気で加熱すると、水蒸気の熱だけでなく、水蒸気が食品に付着して、液体の水に戻るときに食品に1g当たり540calの熱を与えて"さらに"加熱するわけです。これがウォーターオーブンのいわば"真の価値"ということになります。

凝縮熱を利用して温めるのは、下着のヒートテックも同じ原理です。水蒸気として発散した汗が水に戻るときに放出する凝縮熱を利用して体を温めているのです。

過熱水蒸気が食品を加熱する仕組み

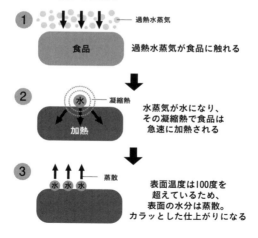

1 ── 過熱水蒸気
食品
過熱水蒸気が食品に触れる

2 水 ── 凝縮熱
加熱
水蒸気が水になり、その凝縮熱で食品は急速に加熱される

3 ── 蒸散
水 水 水
表面温度は100度を超えているため、表面の水分は蒸散。カラッとした仕上がりになる

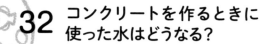

32 コンクリートを作るときに使った水はどうなる?

コンクリートは水やセメントなどとまぜあわせて作りますが、そのときに使った水はどうなるのでしょうか。水が乾いて固まるイメージがありますが、じつはそうではありません。

◎ セメントの成分

コンクリートは、灰色のセメント（セメント粉）、砂、砂利、水をまぜて作ります。セメント：砂：砂利：水は体積比で約 1：3：6：0.6 です。これを、鉄筋を組み入れた型に流し入れて、数日放置すればほぼでき上がりです。

セメントは、石灰石（炭酸カルシウム）に粘土（アルミニウムや二酸化ケイ素などの混合物）、けい石（二酸化ケイ素）、酸化鉄などを細かく砕いて混合し、釜で焼いてクリンカーというセメントの前段階のものを作ります。このクリンカーに石膏などを加えてさらに細かく砕いて粉状にしたものがセメントです。

釜で焼く際に石灰石は二酸化炭素を放出して分解し、酸化カルシウム（生石灰）になります。この際に放出される二酸化炭素の重量は石灰石の重量の 44% にもなります。このため、セメント業界は二酸化炭素排出産業などといわれることもあります。

$$CaCO_3 \quad \rightarrow \quad CaO + CO_2$$
（石灰石）　　　（生石灰）

一方近年では、粘土の代わりに、火力発電所で燃やした石炭の灰や、製鉄所で鉄鉱石から鉄を取り出したあとの廃棄物、あるいは建設現場から出る土砂などを受け入れて天然資源の使用を節約する努力もしているといいます。

◎ コンクリートが固まる理由

　水を入れて作ったコンクリートが固まるのは、この水が蒸発したからだと思っている方もいるようですが、間違いです。コンクリートから水が抜けたら、元のセメントと砂、砂利に戻るだけです。**コンクリートが固まるのは、水とセメントによる化学反応のおかげ**なのです。

　セメントと水をまぜると、両者は激しく化学反応して発熱します[*1]。これは昔、お菓子などの包装に乾燥剤として入っていた生石灰を思い出せばわかります。あの袋には「濡らすと危険」と書いてありました。生石灰に水を加えたら激しく発熱して消石灰（水酸化カルシウム）になり、火事を起こすことさえあるのです。

　この反応によってセメント水和物とよばれるものができます。セメント水和物はコンクリートの中で砂や砂利を結びつける接着剤のような役割を果たし、強固なコンクリートを生成するはたらきをしています。

　この反応は、セメントと水をまぜるとただちに開始され、１日後にはセメントが固まります。普通のセメントでは１か月程度で大半の反応が終わり、コンクリートは完成することになります。

---

*1　この化学反応を「水和反応」という。

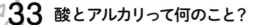

33 酸とアルカリって何のこと?

酸は青いリトマス試験紙を赤くするもので、アルカリは赤いリトマス試験紙を青くするものだと習いました。酸、アルカリって何のことでしょうか。

◎ 水の分解

水は安定な化合物で滅多に分解などしませんが、ほんの少しだけなら常に分解しています。分解の結果、水素イオン H^+ と水酸化物イオン OH^- が「同数」だけ生じます。

$$H_2O \rightarrow H^+ + OH^-$$

このように H^+ と OH^- を同数だけ生じる物質を**両性物質**、H^+ と OH^- が同数だけ存在する状態を**中性**といいます。

◎ 酸とアルカリ

ところが物質の中には塩酸 HCl のように H^+ だけを生じる物質や、水酸化ナトリウム $NaOH$ のように OH^- だけを生じる物質もあります。H^+ だけを生じる物質を**酸**、OH^- だけを生じる物質を**アルカリ**といいます。したがって酸、アルカリというのは**「物質の種類」**ということになります。

酸には硝酸、硫酸、食酢に含まれる酢酸、炭酸飲料に含まれる

炭酸などがあります。また、アルカリには水酸化カルシウム（消石灰）、炭酸ナトリウム、炭酸水素ナトリウム（重曹）などがあります[*1]。

◎ 酸性とアルカリ性

水に酸を溶かすと、酸が H^+ を出すので、水中の H^+ は OH^- より多くなります。この状態を**酸性**といいます。

反対に水にアルカリを溶かすと、アルカリが OH^- を出すので、水中の OH^- は H^+ より多くなります。この状態を**アルカリ性**といいます。

つまり H^+ の多い状態が酸性、OH^- の多い状態がアルカリ性なのです。したがって酸性、アルカリ性というのは「**溶液の性質**」を表す言葉です。

◎ pH

溶液が酸性なのかアルカリ性なのかを表すにはpH（ピーエッチ）という指標を用います。これは中性を pH = 7 とし、pH が 7 より小さい状態を酸性、7 より大きい状態をアルカリ性とします。

もちろん pH が小さいほど強い酸性であり、pH の数字が 1 違うと H^+ の濃度は 10 倍違うことになります。アルカリ性の場合も同様で、数字が大きいほど強アルカリ性ということになります。

水溶液の pH の変化によって色が大きく変化する物質は、pH の値の推定に用いることができます。このような物質を、pH 指示薬といいます。

[*1]　最近はアルカリといわないで塩基（えんき）ということもある。厳密にいうと両者は違う概念だが、簡単にはアルカリは塩基の一部と考えてよい。

身のまわりの水溶液の pH

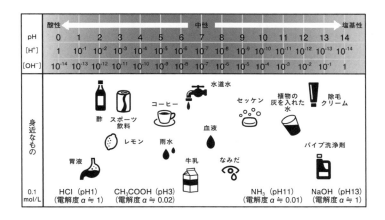

	酸性 ←						中性						塩基性 →
pH	0	1	2	3	4	5	6	7	8	9	10	11	12	13	14
[H⁺]	1	10^{-1}	10^{-2}	10^{-3}	10^{-4}	10^{-5}	10^{-6}	10^{-7}	10^{-8}	10^{-9}	10^{-10}	10^{-11}	10^{-12}	10^{-13}	10^{-14}
[OH⁻]	10^{-14}	10^{-13}	10^{-12}	10^{-11}	10^{-10}	10^{-9}	10^{-8}	10^{-7}	10^{-6}	10^{-5}	10^{-4}	10^{-3}	10^{-2}	10^{-1}	1

身近なもの：酢、スポーツ飲料、コーヒー、水道水、セッケン、植物の灰を入れた水、除毛クリーム、レモン、雨水、血液、牛乳、なみだ、パイプ洗浄剤、胃液

0.1 mol/L
HCl (pH1) （電解度 $\alpha \fallingdotseq 1$）
CH₃COOH (pH3) （電解度 $\alpha \fallingdotseq 0.02$）
NH₃ (pH11) （電解度 $\alpha \fallingdotseq 0.01$）
NaOH (pH13) （電解度 $\alpha \fallingdotseq 1$）

　身近な pH 指示薬を活用したものに、色つき糊があります。色つき糊には、アルカリ性で青、酸性で無色になる指示薬が含まれています。この糊は、容器に入っているときは弱アルカリ性で青いのですが、紙にぬると空気中の二酸化炭素によってアルカリ性が弱まり、無色になるのです。

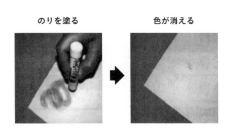

のりを塗る　　　　色が消える

34 酸性雨が降るとなぜ困るの?

地球規模の公害が問題になっています。酸性雨、地球温暖化、オゾンホールです。オゾンホールは各方面の努力で鎮静化に向かっていますが、他の2つはまだ解決していません。

◎ 酸性雨って何?

雨は雲から水滴が降ってくる現象です。当然のことながら水滴は空中、つまり空気中を通過します。空気には二酸化炭素 CO_2 が含まれます。雨には二酸化炭素が溶け込みます。二酸化炭素が水に溶けたら炭酸 H_2CO_3 になります。炭酸は炭酸飲料の原料であり、いうまでもなく酸っぱい酸です。

つまり、地球上に降る雨には必ず炭酸という酸が含まれているのです。ということは**すべての雨は酸性**ということです。この雨の pH はおよそ5.3 程度とされます。したがって特別に「酸性雨」といわれる雨は pH が 5.3 より小さい雨ということになります。

◎ 酸性雨の原因

それでは雨の pH を 5.3 より小さくする、つまり酸性を強くする原因は何なのでしょうか。それには2つ考えられます。SOx と NOx です。

石炭、石油などの化石燃料には不純物として硫黄化合物と窒素化合物が含まれます。硫黄化合物が燃えると硫黄酸化物が生じま

す。これには多くの種類があるので、硫黄 S と x 個の酸素 O が結合した物としてまとめて SOx と表現することにしたのです。まったく同様に窒素の酸化物はまとめて NOx と表現されます。

SOx は水に溶けると硫酸 H_2SO_4 に代表される強酸になります。同様に NOx は硝酸 HNO_3 に代表される強酸になります。つまり、化石燃料が燃えて生じる SOx、NOx が酸性雨の原因なのです。せんじ詰めれば、**酸性雨の原因は化石燃料の燃焼に原因がある**ということになります。

酸性雨の仕組み

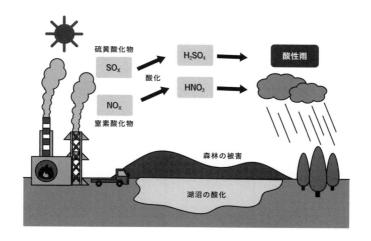

◎ 酸性雨の影響

　酸性雨の影響はいろいろの面で現れています。簡単にいえば屋外の金属製品がさびることです。何百年も屋外に飾られてきた青銅製品が、さびを理由に屋内に収納され、元の場所にはレプリカが飾られるなどというのは、現在では常識です。

　一番の問題は植物への影響です。山間の植物が酸性雨の影響で枯れます。はげ山となった山は保水力を失い、強雨のたびに洪水を起こして、山の表面の肥沃土を流し去ります。その後の山間地は植物を養い育てる力を失います。

　また、北ヨーロッパや北アメリカの国々では、多くの川や湖が酸性化した結果、湖によっては魚がまったくいなくなるなどの被害が出ました。川や湖が酸性化すると、魚のえさとなる水中の昆虫や貝や甲殻類が減ってしまうことも知られています。また、水草など水中の植物も影響を受けます。

　残るのは砂漠化への道です。ということで現在地球上には至る所で砂漠化が進行しています。毎年、日本全土の４分の１ほどの面積が砂漠になっているといいます。すでに地球の全陸地面積の４分の１は降水量より蒸発量が多い砂漠地帯といわれています。

　現在、化学肥料、農薬、緑の革命 *1 などにより、食料はギリギリ足りています。しかし、地球は後戻りのできない地点にまで追い詰められているのが実状です。

---

*1　1940 年代から 60 年代にかけて、高収量品種の導入や化学肥料の大量投入等によって穀物の生産性が向上し、穀物の大量増産を達成したこと。農業革命の１つといわれる場合もある。

第6章
「生命」の化学

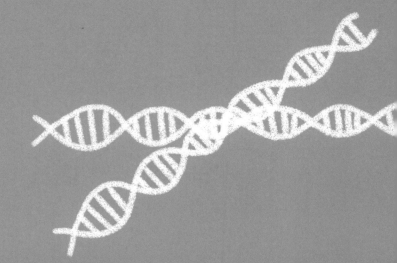

35 バイ菌やウイルスも生命体なの？

生きているものは生命体、生きていないものは非生命体とよばれます。この区別は簡単なようでいて、じつは意外と面倒です。どこまでが生命体で、どこからが非生命体なのでしょうか。

◎ 生命体の条件

生物は次の３つの条件によって定義されます。

① 自己複製や遺伝が可能（DNA、RNA 等の核酸をもつ）
② 自分でエネルギーを獲得できる（代謝、呼吸ができる）
③ 細胞構造をもつ

　単細胞生物であるいわゆるバイ菌はこの３つの条件をすべて満たしています。ですから間違いなく生物といえます。

　では、ウイルスはどうでしょうか。

　まず②ですが、そもそもウイルスは自力でエネルギーを獲得することができません。宿主からエネルギーをもらわなければ活動できず、宿主に寄生しなければ生きられないのです。

生命体　菌　or　　　not 生命体？

◎ ウイルスは非生命体

決定的なのは③です。ウイルスは細胞構造をもっていません。細胞構造というのは、細胞膜で囲まれた構造のことで、生命の維持や遺伝のために必要な仕掛けはすべて細胞膜の内側に保持しています。つまり、この細胞膜をもっていなければ細胞構造を作ることはできないことになります。

①に関していえばウイルスも間違いなく DNA、RNA 等の核酸をもち、自己複製をおこないます。しかし、細胞膜がないので細胞も核も作ることができません。仕方なくウイルスは核酸をタンパク質でできた容器の中に入れています。つまりウイルスはタンパク質の容器に入った核酸なのです。そう考えるとウイルスは物質（非生命体）だということが理解できるのではないでしょうか。そのため、ウイルスの中には結晶を作るものさえあります。

◎ 細胞膜

では、生命体にとって大事な細胞膜とは、いったいどんなものなのでしょうか。細胞膜はサランラップのような膜ではなく、シャボン玉の膜によく似ています。シャボン玉はセッケンの分子が集まってできますが、細胞膜はリン脂質という脂肪のような分子が集まってできた膜です。

膜を作るとき、この分子は互いに結合はしません。集まっているだけです。したがって、膜の中を自由に動きまわることができるし、膜から離れたり、また戻ったりすることも自由にできます。

このような自由性があるから、細胞は2つに分裂して増殖する

ことや、外部の栄養分を内部に取り入れること、あるいは内部の老廃物を外部に放出することができるのです。

　細胞膜のこのようなダイナミズムが生命活動というダイナミックな活動を支えているといってもよいでしょう。もし細胞膜がサランラップのような膜だったとしたら、生命体のようなダイナミックな活動をするものは決して生まれなかったことでしょう。

細胞膜の構造とシャボン玉の原理

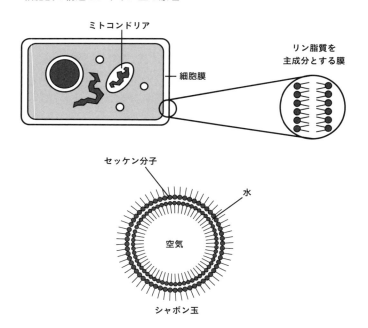

36 なぜ植物は光がないと育たないの？

植物を育てるためには水が欠かせません。また、日当たりの悪いところに置いても植物はよく育ちません。植物に水と光が必要なのはなぜなのでしょうか。

◎ 光合成

植物にとっての食料は、水と二酸化炭素です。ただ二酸化炭素は空気中に 0.03% の濃度で含まれており、空気はどこにでも存在しますから、あえて植物に二酸化炭素を与える必要はありません。

それでは光はなぜ必要なのでしょうか。それは光が「光エネルギー」というエネルギーをもっているからです。植物は光エネルギーの力を借りて、水と二酸化炭素を化学反応させ、グルコース（ブドウ糖）などの糖類を作っているのです。この反応を光合成といいます。

光合成でできたブドウ糖はさらに化学反応をし、たくさんのブドウ糖が結合したデンプンやセルロースなど、植物の体を作る成分に変化していきます。

ですから、光がなかったら植物は自分自身の体を作ることができないということです。

光合成の原理

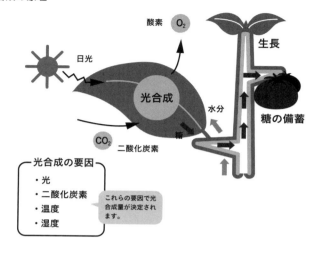

◎ **クロロフィル**

　植物が緑色なのは、葉や茎の細胞の中に葉緑体（クロロプラスト）という緑色の細胞小器官をもっているからです。葉緑体の中には葉緑素（クロロフィル）とよばれる分子が入っており、これが光合成をおこなう中心分子です。

　哺乳類の赤血球の中には酸素や運搬物質であるヘモグロビンが入っており、ヘモグロビンにはヘムという分子が組み込まれています。クロロフィルとヘムはそっくりな関係です。違いは分子の中心にある金属原子です。クロロフィルに入っているのはマグネシウムですが、ヘムに入っているのは鉄です。

クロロフィル　　ヘム

◎ 植物は太陽光エネルギーの缶詰

植物は太陽の光エネルギーを用いてデンプンやセルロースを作ります。それを食べて育つのがウサギや牛などの草食動物です。そして、その草食動物を食べて育つのがオオカミやライオンなどの肉食動物です。

つまり、オオカミもライオンも、植物がなければ食べるものがなく、生きることができません。このように見てみると、光が必要なのは植物だけではないことがわかります。

草食動物も肉食動物も、最終的には太陽の光エネルギーに依存して生きているのです。その意味で太陽はすべての生物に生命力を与えてくれる恩寵の素です。つまり植物は、太陽光エネルギーの缶詰というべきものなのです。

食物連鎖

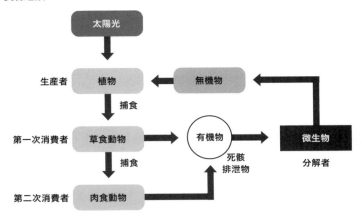

37 DNA が遺伝を支配するって本当なの？

遺伝とは親の形状を次世代に遺すことで、生物だけに許された特権ともいえる機能です。そこでは DNA や RNA がはたらくことが知られています。どんな仕組みになっているのでしょうか。

◎ DNA（デオキシリボ核酸）って何？

生物は、種の存続や成長、維持を遺伝情報にもとづいておこなっていて、その遺伝の本体が DNA です[*1]。

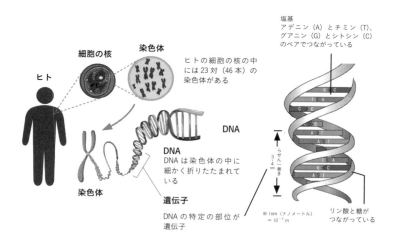

ヒト

細胞の核　染色体

ヒトの細胞の核の中には 23 対（46 本）の染色体がある

DNA

DNA
DNA は染色体の中に細かく折りたたまれている

染色体

遺伝子
DNA の特定の部位が遺伝子

塩基
アデニン（A）とチミン（T）、グアニン（G）とシトシン（C）のペアでつながっている

らせん一巻き
3.4 nm

※ 1nm（ナノメートル）
= 10⁻⁹ m

リン酸と糖がつながっている

---

*1　DNA と RNA は核酸の一種で、DNA はデオキシリボースという糖、RNA はリボースという糖に、それぞれリン酸と塩基が結合した分子がたくさん結合してできた高分子のこと。

　では、DNA はどんなはたらきをしているのでしょうか。じつは DNA は「遺伝のマニュアル書」で、何かをしているわけではありません。そこには4個の文字（塩基）が特有の順序で並んでいて、その塩基配列の中にタンパク質のアミノ酸配列の情報が入っています。つまり DNA は「タンパク質の設計図」ともいえるのです [*2]。

◎ RNA（リボ核酸）って何？

　DNA と似た名前のものに、RNA があります。

　DNA は母細胞の細胞分裂に伴って分裂複製して、まったく同じ DNA が娘細胞に送られます。すると娘細胞は、DNA のうち、遺伝子部分だけを取り出して編集します。このようにして作られたのが RNA です。

　RNA には何種類かありますが、このいわば DNA の短縮版の RNA は「メッセンジャー RNA（mRNA）」といわれます。これもタンパク質の設計図であることに変わりなく、何の機能もありません。

　この設計図をもとにタンパク質を作るのは、こちらも RNA で「トランスファー RNA（tRNA）」とよばれます。トランスファー RNA は、メッセンジャー RNA の設計図にもとづいて該当するアミノ酸を反応場に連れていきます。そしてすでにそこにセットされているアミノ酸に結合するわけです。

[*2] DNA は非常に長い分子だが、そのすべてがタンパク質の設計図になっているわけではない。設計図になっている部分を「遺伝子」というが、遺伝子部分は全 DNA の5％程度とされ、残りは「ジャンク（クズ）DNA」とよばれる。

　このような操作が連続することで、DNA に指定されたアミノ酸結合順序に従ったタンパク質ができ上がることになります。

◎ タンパク質のはたらき

　DNA に指定された通りのタンパク質は、どんな役割を果たすのでしょうか。生きている細胞における、タンパク質のはたらきは焼肉屋さんのオニクだけではありません。酵素として、生化学反応（生命維持と細胞増殖のための化学反応）を支配するのです。DNA の指示に従って作られた「酵素軍団」が、これから先の個体を作りあげていくのです。

　つまり、DNA の指示は、肌の色、髪の色、背の高さ、頭の良し悪しなどを直接指示するものではないということです。

38 遺伝子組み換え作物って何？

遺伝子組み換え作物が話題になっています。いろいろな作物の
よいところだけを組み合わせて作った作物だということですが、
安全性が心配されています。

◎ DNA の配列

DNA が「4種の単位分子 ATGC の連続によってできた DNA
分子が2本寄り合わさってできた**二重らせん構造**である」とわか
ったのは、1953 年のことでした。

次に問題になるのは、生物の DNA は ATGC がどのような順
序で並んでいるのか、特に人間の DNA ではどうなのかというこ
とでした。その DNA の全配列が明らかになったのは 2003 年の
ことでした。

DNA には役に立たないジャンク部分と、重要なはたらきをす
る遺伝子部分があります。

◎ 遺伝子工学

人間のゲノム[*1]が解析されれば、他の生物のゲノム解析は容
易です。ということで、その後、多くの生物のゲノムが解析され
ていきました。これにより、ある生物のある性質を支配する遺伝
子がどこにあるのかということが明らかになりました。

こうなると、生物 A の特定の遺伝子を取り出して、他の生物

---

*1　ゲノムとは、遺伝子（gene）と染色体（chromosome）から合成された言葉で、DNA
のすべての遺伝情報のこと。

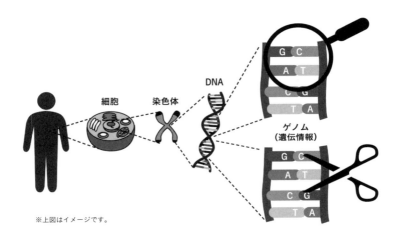

細胞　染色体　DNA

GC
AT
CG
TA

ゲノム
（遺伝情報）

GC
AT
CG
TA

※上図はイメージです。

Bの DNA に組み込んだら、A の優れた性質が B にも現れるので
はないか、という考えが芽生えます。このような考えのもとにお
こなわれた研究が**遺伝子工学**であり、その一環が**遺伝子組み換え**
なのです。

◎ 遺伝子組み換え

　じつは遺伝子組み換えは、遠い昔からおこなわれていました。
それは**交配**です。多乳系の牛と強健系の牛を交配すれば、強健で
多乳の優れた乳牛が生まれるでしょう。
　しかし、交配には制限があります。牛とライオンを交配するこ
とは不可能です。つまり、交配には生物の「種類」という垣根が

あるのです。ところが、遺伝子工学による遺伝子組み換えにはこのような垣根は存在しません。

生物AのDNAから優れた遺伝子aを化学的に切り取ります。それを生物Bの遺伝子に継ぎ足すだけです。このような単純な操作によって、BにAの性質が現れるのです。

これは、大げさにいうと、ギリシア神話に出てくる、馬の体に人間の上半身がつながったキメラをも可能にするかもしれない、そんな技術なのです。

すでに遺伝子組み換えは実用化され、幾種類かの農作物が市販されています。日本では、ダイズ、トウモロコシ、ナタネ、ジャガイモ、綿、アルファルファなどの輸入販売が許可されています。

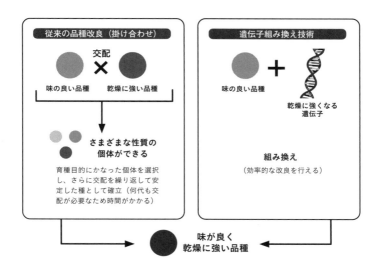

39 ゲノム編集って何?

ゲノム編集によって、「筋肉量20%アップの鯛が実現」といった
ニュースが躍りました。DNAに人の手を加えることで、思い通
りの特徴を出せるようになってきたのです。

◎ ゲノム編集とは

「ゲノム編集」は生物のDNA、遺伝子、ゲノムをいじる操作で
あり、遺伝子工学の一種です。しかし、問題は「編集」という言
葉です。わかりやすいように、「書籍の編集」を例に説明しましょ
う。

まず私たち著者が原稿を書き、その原稿を出版社の編集者に渡
します。すると、編集者がその原稿を「編集」して著者に戻し、
これでよいかどうかの許諾を求めます。問題ないとなったらその
原稿は印刷所に回されて印刷され、本となって出版されます。

問題は、「編集」でどのような「操作」がおこなわれるかです。
この操作は編集者によってずいぶん異なります。編集者によって
は誤字脱字、助詞などテニヲハの誤りを正すだけで終わる場合も
あれば、文章の順序を入れ換えたり、不要な(と編集者が思った)
箇所を削ったり、場合によっては(編集者が作った)文章をつけ加
えたりします[1]。

「ゲノム編集」とは、DNAをこのように「編集」することをい
うわけです。

---

[1]　中には「これがオレの作った原稿か?」とビックリすることもないではない。この脚
注への組み入れも編集者がおこなった。

◎ 遺伝子組み換えとゲノム編集

ただ、今のところ「ゲノム編集」の「編集作業」は限定的なもので、編集が許されているのは下記の操作の範囲です。

①不要のゲノムの削除
②ゲノムの配列順序の変更

これは重要な意味を含んでいます。つまり、ゲノム編集の前後を通じて、**DNAに余計なゲノムは加えられていない**ということです。他の生物の遺伝子情報は加えられていないのです。ということは遺伝子組み換えで心配された半獣半人のようなキメラが誕生することはないということです。

ゲノム編集の仕組み

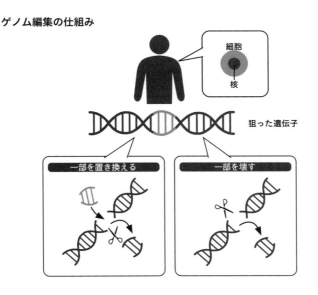

ゲノム編集によって鯛の筋肉量が 20% 増量するというのも、もともとの鯛には筋肉量を「ある程度以上に増やさない」というゲノムが組み込まれていたのを、削除してしまったせいだといいます。

　しかし、そんなことをして本当によいのでしょうか。もともとの鯛に、筋肉量を制限するゲノムが入っていたのは、そのようにする必要性があったからなのではないでしょうか。それを外して無理にマッチョにしたら、ほかに問題が出てきてもおかしくなさそうに感じます。

　というようなことを、ゲノム編集許可の前に研究しておいてもよかろうという意見もあるようですが、ゲノム編集は早晩実現しそうな勢いです。そのうち、「シックスパッドをゲノム編集で」などという時代が来るのかもしれません。

ゲノム編集と遺伝子組み換えの違い

ゲノム編集

狙った遺伝子を直接切るなどして変異させるため、
思い通りの特徴を発揮させやすい

遺伝子組み換え

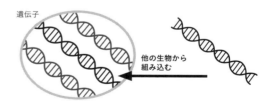

狙い通りに組み込まれない場合があり、
作るのに時間がかかる。意図しない変化が起きる可能性も

40 タンパク質は狂牛病の原因になっている?

> 狂牛病という恐ろしい病気が蔓延しそうになったことがありました。この病気に罹った牛の骨髄などを食べると人間もこの病気になり、脳がスポンジ状になって死に至るというのです。

◎ 狂牛病の原因

狂牛病は牛に発生する病気で、BSE（牛海綿状脳症）といいます。脳などの神経組織や腸などに存在する「プリオン」と呼ばれるタンパク質が異常化して起こります。

ところで、タンパク質は筋肉を構成していますが、ほかにある重要なはたらきがあります。それは各種の酵素として生体内で進行する生化学反応をつかさどることです。哺乳類で酸素運搬をするヘモグロビンもタンパク質の一種です。

「正常プリオン」もタンパク質の一種であり、生体にあってなにがしかの重要なはたらきをしているタンパク質です。

狂牛病の恐ろしさは、病気の原因がこのタンパク質であることです。「正常プリオン」というタンパク質があるとき突然、病原体の「異常プリオン」に変異するのです。するとその変異した異常プリオンの近くにある正常プリオンも異常プリオンに変異し、このような変異の連鎖が次々と伝播し、病気が深刻化していくというのです。

◎ タンパク質の平面構造

正常プリオンの変異を知るためには、タンパク質の構造を知っておく必要があります。タンパク質は高分子、つまりプラスチックの一種であり、アミノ酸という20種類の単位分子が適当な個数だけ、適当な順序で並んでいます。このアミノ酸の種類とその並び順をアミノ酸の平面構造といいます。

人の場合、「正常プリオン」タンパクは253個のアミノ酸からできていることが知られています。このようなタンパク質は253個のワッカでできた長い鎖にたとえることができます。

◎ タンパク質の立体構造

タンパク質の鎖の場合、この鎖が一定の形でキチンと畳まれているのです。これをタンパク質の立体構造といい、タンパク質において非常に重要なはたらきをすることが知られています。

「正常プリオン」と「異常プリオン」を比較すると、平面構造、つまりアミノ酸の個数、種類、その並び順に違いは一切ないことが明らかになりました。しかし、異常プリオンでは、その畳まれ方、つまり立体構造が狂っているのです。

それはＹシャツの畳まれ方を考えてみればわかるのではないでしょうか。Ｙシャツの畳み方には一定の約束があります。約束通りに畳めば美しい形にまとまりますが、ボタンの留め位置を1個はめ間違えるとトンデモナクだらしのない形になります。

そのため、畳み方を間違えたプリオンは正常なはたらきをすることができなくなったのです。

第7章
「爆発」の化学

41 花火の仕掛けはどんな仕組みになっている?

夏祭りのだいご味は花火です。あのズッシーンという音と、夜空に咲く大輪の花。日本の夏はイイなぁと思ってしまいますよね。そんな花火の仕組みを見てみましょう。

◎ 火薬は何からできている?

花火といえば火薬の芸術です。花火の玉を打ち上げるのも、花火の花を咲かせるのもすべて火薬です。火薬にはいろいろありますが、爆発を起こさせる化学物質、それが火薬と考えてよいでしょう。

火薬による爆発は燃焼の一種で、非常に速い燃焼と考えることができます。そして、燃焼のために必要なのが燃料と酸素です。

江戸時代の鉄砲、種子島の発射薬などに使われた伝統の火薬が黒色火薬です。これは木炭の粉である炭素 C、硫黄 S、それと硝石（硝酸カリウム）KNO_3 の混合物です。木炭の粉によって全体が黒い粉末となっているので黒色火薬といわれます。このうち、木炭と硫黄は燃料です。

それでは硝石は何でしょうか。これは酸素供給剤（酸化剤）です。火薬の燃焼は大変に速いので、酸素供給は周囲の空気中の酸素だけでは間に合いません。そこでこの硝石を使ったのです。

硝石の中には 1 分子中に 3 個もの酸素原子が入っているため、これが燃焼を助けているというわけです。

◎ 花火の色

　花火の構造は、和紙で作った半球状の容器の中にホシとよばれる火薬を丸めたものが何百個も規則正しく詰め込まれてます。これを2個貼り合わせて球状の花火玉にしたのです。

　このホシには火薬以外にいろいろの金属の粉末がまじっています。花火が爆発するときに導火線を通じてこのホシに火が付き、ホシが燃えると同時に金属も燃えて**炎色反応**という発光反応を起こすのです。

　炎色反応の色は金属によって異なります。たとえばナトリウムNa なら黄色、銅 Cu なら緑、カリウム K なら紫などです。これを組みあわせることによって、花火の色を時間的に変化させることも可能です。花火師の腕の見せ所です。

花火の仕組みと炎色反応

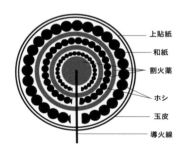

化合物	炎色反応の色
Li (リチウム)	深赤
Na (ナトリウム)	黄
K (カリウム)	赤紫
Rb (ルビジウム)	深赤
Cs (セシウム)	青赤
Ca (カルシウム)	橙赤
Sr (ストロンチウム)	深赤
Ba (バリウム)	黄緑
Cu (銅)	青緑
In (インジウム)	深青
Tl (タリウム)	黄緑

上貼紙
和紙
割火薬
ホシ
玉皮
導火線

◎ 硝石の作り方

　硝石は火薬の原料として重要ですが、昔はこれを人尿から作っていました。積んだ藁に毎日のようにおしっこを掛けます。すると土中の硝酸菌が尿中の尿素 $(NH_2)_2CO$ を硝酸 HNO_3 に変えてくれます。

　適当なところで、この藁を釜に入れて、灰とともに煮ます。すると、硝酸と灰の中のカリウム K が反応して硝酸カリウム（硝石）となり、釜の中に白い結晶として析出します。昔はきっとモノスゴイにおいを我慢しながら作ったことでしょう。

　製造地としてもっとも有名なのが、富山県の五箇山と岐阜県の白川郷でした。ともに合掌造り集落として、世界遺産に登録されているので有名なところです。合掌造りの特徴は大家族制にあり、大きな家に多くの家族が住むことで、そこから出る大量の糞尿から火薬を製造していたのです。

　白川郷は幕府直轄の天領でした。そして、五箇山は加賀藩に含まれます。加賀藩は幕府にも火薬を献上していますが、加賀百万石の力の源泉の一部は、この火薬製造だったわけです。

　硝石は、黒色火薬が唯一の銃砲用火薬だった時代には重要な戦略物資であり、貴重品でした。

　反対にいえば、戦争が長引いたら硝石は底をつきます。つまり昔の戦争には自動ストッパーが内蔵されていたというわけです。

42 鉱山ではどんな爆薬を使っているの？

鉱山では、鉱石の埋まった場所を爆薬で破砕して鉱石を採掘します。また、大規模な土木工事でも爆薬を使用します。パナマ運河は爆薬がなかったら完成しなかったといわれます。

◎ ニトログリセリン

鉱山や土木工事で使われる爆薬といえばダイナマイトです。ダイナマイトは**ニトログリセリン**から作ります。まず、作り方から見てみましょう。

サラダオイルでもラードでもヘッドでも、およそ「油脂」といわれるものは基本的に同じ構造をしています。つまりグリセリンといわれるアルコール化合物に脂肪酸といわれる物質が結合しているのです。

サラダオイルとラードの違いは脂肪酸の違いにあります。グリセリンはどのような油脂でもまったく同じ分子です。したがって油脂を加水分解すると、1分子のグリセリンと3分子の脂肪酸が得られます。このグリセリンに硝酸 HNO_3 を反応するとニトログリセリンが得られます。

この物質は無色の液体で、比重は 1.6 とかなり重い液体です。融点は 14℃ ですから、涼しい日には凍って固体になります。沸点は 50 ～ 60℃ とハッキリしませんが、これは無理に測定しようとすると爆発して危険なので計れないのでしょう。

とにかく不安定で危険な液体ですから、瓶を落とした程度の衝撃でも爆発します。これでは危険で使い物になりません。

◎ ダイナマイト

このニトログリセリンを使いやすい爆薬に作りかえたのがノーベルでした。彼はニトログリセリンを珪藻土という藻類の化石に吸わせました。こうするとニトログリセリンは安定となったのです。

一方で、爆薬は意図したタイミングで爆破しなければ意味がありません。そこでノーベルは、ダイナマイトを意図したタイミングで爆破させるために、雷管を発明します。導火線の火によって、起爆薬に火をつけて、それによって爆発を誘発させるための導爆薬に点火するというものです。

ダイナマイトの構造

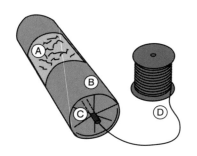

A：ニトログリセリンを吸わせた珪藻土

B：爆発物を包む保護層

C：雷管

D：雷管のコード

この結果、ダイナマイトはパナマ運河の掘削をはじめ、世界中の大規模土木工事に軒並み使用されることになり、ノーベルは巨万の富を築くことになりました。彼の遺産をもとに運用されるのがノーベル賞というのは有名な話ですね。

◎ アンホ爆薬

しかし最近は様変わりをしたようです。鉱山や建設で使われる爆薬は、**アンホ爆薬**という新しい爆薬が主流といいます。

アンホ爆薬は農薬を使った爆薬です。農薬の硝安は硝酸アンモニウム NH_4NO_3 という物質ですが、これがスゴイ爆発力をもっているのです。

硝安はその開発当時から歴史に残る大爆発事故をくり返してきました。2015 年に中国の天津で起きた死者 165 人を出した爆発事故も硝安によるものといわれます。

アンホ爆薬というのは、この硝安と軽油をまぜたもので、安価・軽便・使いやすいという、優れた爆薬です。形状は粘土のようなもので、これで信管を包めばでき上がり、ということですから、現場の実状に合わせて成形でき使い勝手がよいといいます。

自動車のエアバッグが瞬時にふくらむのも、硝安などの爆発力を利用しています。

43 戦場ではどんな爆薬を使っているの？

爆薬と聞いてすぐ思いつくことといえば「戦争」でしょう。鉄砲、大砲、爆弾、これらすべてに爆薬が使われています。戦場ではどのような爆薬を使っているのか見てみましょう。

◎ 爆薬の歴史

現代の戦争で使う爆薬といえばトリニトロトルエン（TNT）$C_7H_5N_3O_6$ です。爆発は速い燃焼ですから、分子内に酸素が多いものが有利です。TNT は 1 分子内に 6 個の酸素をもっています。

しかし中国で最初に発明された爆薬は黒色火薬といわれます。黒色火薬は長いあいだ戦争で使われ続け、現在も花火で使われています。日露戦争でロシア軍が使った爆薬も黒色火薬といわれます。

ただし黒色火薬は煙が多いので、ニトログリセリンや綿火薬（ニトロセルロース）を使った無煙火薬に移行していきました。

日露戦争で日本軍が使ったのはもう少し進化した下瀬火薬という爆薬です[1]。これは化学的にはトリニトロフェノール $C_6H_3N_3O_7$ という物質で、1 分子内に 7 個の酸素をもっていますから TNT より爆発力が強いかもしれません。

しかし下瀬火薬は致命的な欠点をもっていました。それは、この火薬が酸性であり、砲弾をさびさせることです。これでは劣化した砲弾が大砲の砲身の中で爆発してしまうかもしれません。そ

---

[1]　大日本帝国海軍技師の下瀬雅允（しもせ・まさちか）が実用化したことにちなんで名付けられ、第二次世界大戦期の日本では主に手榴弾の炸薬として使用された。

のため、世界の趨勢は TNT に移っていったのだということです。

◎ プラスチック爆弾

戦場で、特に特殊工作によく使われるのがプラスチック爆弾です。これは TNT の粉末を液体爆弾のニトログリセリンで練ったもので、粘土か樹脂状の物質であり、現場でどのようにでも成形できるといいます。そして不要になったら、マッチで火をつければ燃えてなくなるというのです[*2]。

◎ 液体爆弾

これはテロリストが使うことで有名な爆弾です。水のような無色透明な液体です。液体爆弾といいますが、爆薬そのものは白い粉末です。それを水に溶かして液体（水溶液）にしてあるのです。というより、作ったときにはすでに水溶液になっているのです。

作り方は簡単です。カフェオレを作るのと同じくらい簡単なのでカフェオレ爆弾、あるいは厨房（ちゅうぼう、だいどころ）爆弾ともいわれるくらいです。

誰でも非常に簡単に手に入れることのできる2種類の液体をボールに入れてまぜ、ペットボトルに入れて信管を付ければ完成です。液体の名前は、あまりに危険なのでここでご紹介することはできません。

現在、航空機の手荷物検査場で飲み物の中身をチェックしたり液体の持ち込み規制があるのは、この爆弾のせいです。

[*2] 「欠点」があるとすれば、甘いということ。米軍では兵士に「食べないように」というお達しが出たという漫画めいた話も伝わっている。

44 アルミ缶に洗剤を入れると爆発する？

> 爆発は火気や火薬によるものだけではありません。爆薬はもちろん、一切火の気のないところでも起こります。

◎ 山手線の車内で起きた爆発事故

2012年10月20日午前0時15分、満員の山手線の電車内で突如爆発が起こりました。爆発で飛び散った液体が近くの乗客にかかり、16人がケガをし、9人が病院に搬送されました。

乗客の女性が持っていた蓋つきのアルミ缶が破裂したことで起きました。彼女はコーヒーを飲んだ後の空き缶に400 mLほどの液体洗剤を入れて持っていました。アルバイト先で使った洗剤がよく落ちるので、自宅で使おうと持ち出したのだそうです。調べたところ、洗剤は強いアルカリ性であることがわかりました。

原因は、アルミニウム金属 Al とアルカリが反応して水素ガス H_2 を発生したものでした。たとえばアルカリをありふれた水酸化ナトリウム NaOH とすると、反応は次のようになります。

$$2Al + 2NaOH + 6H_2O \rightarrow 2Na[Al(OH)_4] + 3H_2$$

水素ガスは爆発性の気体です。もし、近くにタバコでも吸っている人がいたら、ガスに火がついてトンデモナイ大事故になると

ころでした。今回はアルカリでしたが、アルミニウムは両性金属であり、酸とも同じように反応してやはり水素ガスを発生します。たとえば、アルミ缶にトイレ洗剤を入れたとしたら、洗剤中の塩酸が反応します。

$$2Al + 6HCl \rightarrow 2AlCl_3 + 3H_2$$

◎ 気体の発生が「爆発」を起こす

ふくらませた風船が破裂するように、密閉容器の中に限度以上の気体が発生したら爆発します。この場合、容器が頑丈なほど爆発力は大きくなります。紙風船が破裂してもうるさいだけですが、鉄製の容器が破裂したらただでは済みません。

砲弾や爆弾が鉄容器でできているのはそのためでもあります。家庭でこわいのはガラス容器です。破裂したら刀より鋭利な破片が飛び散ります。

最近、掃除でよく使われる重曹（重炭酸ナトリウム）$NaHCO_3$ は酸と反応すると二酸化炭素 CO_2 を発生します。

$$NaHCO_3 + HCl \rightarrow NaCl + H_2O + CO_2$$

重曹にクエン酸をまぜて、発泡させて使うという掃除の常套手段がこの反応になります。もし、使いやすいように作り置きしておこう、などと思ってガラス瓶に両者を入れて蓋でもしたら、大変なことになります。

もし、ウッカリしてこのようなことをしてしまったら、申し訳

ないことですが消防署にでもお願いすることです。蓋を回したら、その瞬間に何が起こるかわかりません。

　危険はあらゆるところに潜んでいます。

クエン酸

・水に溶かすと酸性の性質を示す

・水あかなどアルカリ性の汚れを落としやすくする

重曹（炭酸水素ナトリウム）

・水に溶かすとアルカリ性の性質を示す

・油汚れなどの酸性の汚れを落としやすくする

炭酸ガス（二酸化炭素）が発生

日常は危険ととなり合わせ！

45 火災が爆発的に起こるのはなぜ?

火災は火元の近くの物質から順に燃え広がっていくものではありません。一定の時間がたつと突如爆発したかのように炎が燃え広がります。フラッシュオーバーとバックドラフトです。

◎ フラッシュオーバー

　フラッシュオーバーは、家具などの可燃物が着火源からの熱によって加熱されることによって起こります。加熱が続くと家具の表面は数百℃になり、ついには燃え上がるという現象です。

　こわいのは、加熱され続けるあいだに家具から煙や各種の気体が発生することです。これらの気体の中には一酸化炭素のような可燃性気体がまじっています。これらが発火点に達すると一気に燃え上がります。これが**フラッシュオーバー**です。

　フラッシュオーバーで燃えるのは可燃性気体です。ということはフラッシュオーバーは火源から離れた場所、すなわち、煙の達しやすいところで起こる可能性があるのです。

　たとえば3階建ての建物の1階で火災が発生したとしましょう。煙は高いところへ向かうので、2階、3階へ上っていき、そこで充満します。そして、一定の時間が経つと発火点に達した煙と可燃性物質が一気に燃え広がり、2階3階の天井付近はフラッシュオーバーによって火の海になります。

　しかし、煙がいかなかった火元以外の1階部分は燃え残る可能

性もあります。つまり、フラッシュオーバーは煙がいきやすい高層階の天井付近がもっとも危険だということです。

フラッシュオーバーの原理

熱と可燃性ガスを含んだ
煙が広がる

熱

火災発生

可燃物や可燃性ガスが高温に晒され
一定の温度に達すると発火する

火元付近は引火して拡大

　1972年に工事関係者のタバコの不始末から火事になり、118人の犠牲者を出した大阪千日前デパート火災や、1982年に客の寝タバコが原因で33人の犠牲者を出したホテルニュージャパンの火災は、いずれもフラッシュオーバーによって犠牲者が出たといわれています。

◎ バックドラフト

フラッシュオーバーと混同されがちなものに**バックドラフト**があります。フラッシュオーバーは酸素のある状態で起こりますが、バックドラフトは酸素のない状態に、急に酸素が供給されることで起こります。

気密性の高い室内で火災が発生すると、室内に十分な酸素があるうちは燃焼が進行します。しかし燃焼が進んで酸素が使い尽くされると、燃焼は起きなくなり、一見、鎮火したような状態になります。しかし家具は高熱であり、可燃性のガスは出続けます。

こうしたときに不用意に扉を開けると、新鮮な空気が火災室に入り、火種が着火源となって可燃性ガスが一挙に燃え上がって爆発状態になります。これがバックドラフトです。

密閉状態の倉庫での火災などで起きやすい現象で、消防士の殉職が多い火災ともいいます。

バックドラフトの原理

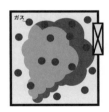

酸素が無くなり、炎が消えたように見えるが、実際は、密閉空間は可燃ガスなどが充満している状態

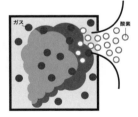

窓などが割れると、一気に外の酸素が密閉空間に流れ込む

急激な酸素の供給で、爆発現象が起き、炎が噴出する

46 水や小麦粉も爆発することがある？

水や小麦粉が爆発するなどと聞いたら、驚く方も少なくないのではないでしょうか。じつは、テンプラを揚げるときに一番こわいのは、水の爆発なのです。

◎ 水の爆発

水は気体の水蒸気になると、体積は一気に1700倍に拡大します。これは爆発的な拡大です。

たとえば、熱したフライパンに水滴を落とすと、水滴は一挙に沸騰して水蒸気になります。体積を拡大した水蒸気は激しくはじけ飛び、油を周囲にまき散らして、下手をすると火事になります。このように高温の物体に水が触れて、水が爆発的に沸騰を起こす現象を水蒸気爆発とよびます。

水蒸気爆発は台所でよく起きます。テンプラ鍋にエビを入れると、尻尾が破裂して思わぬ火傷を負うことがあります。これはエビの尻尾という閉鎖空間に閉じ込められていた水が油で加熱され、水蒸気となったことによるものです。丸のままのピーマンを入れたら、中の空気が膨張してやはり爆発になります。つまりテンプラは思っている以上にこわい作業といえるのです。

ウッカリして火の入ったテンプラ鍋の火を消そうと、水をかけたら大変です。水蒸気爆発で火のついた油が飛び散り、火事は一層大きくなります。

　水蒸気爆発の大掛かりなものは火山の爆発です。火山の爆発には2通りあり、1つは溶けた溶岩であるマグマが直接飛び出すものです。そしてもう1つが水蒸気爆発であり、これはマグマが上昇して地下水に達したことによって地下水が加熱されて爆発したものです。最近の火山爆発の多くが水蒸気爆発のようです。

水蒸気爆発とマグマ噴火

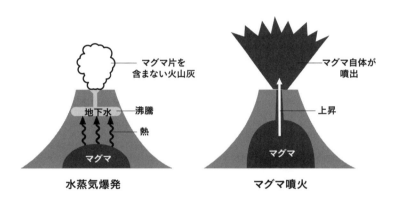

　　　　　　水蒸気爆発　　　　　　　　　　マグマ噴火

◎ 粉塵爆発

　小麦粉や砂糖が爆発した例もあります。にわかには信じられないかもしれませんが、石炭の粉が爆発したと聞けば、あの話かと納得なさる方もおられるでしょう。

　石炭の粉が爆発するのは炭塵爆発といって、昔の炭鉱で時折起きた事故でした。炭塵爆発は石炭の粉が爆発したものですが、同

じような事故は石炭の粉でなくとも、可燃物の粉なら何でも起こる可能性があります。小麦粉や砂糖はそのような例だったのです。

　可燃物の粉末が空気中に漂っている状態を粉塵といいます。この粉塵に火がつくと爆発になるのです。これを一般に**粉塵爆発**といいます。粉塵爆発は粉塵の漂う部屋、工場、あるいはその一帯で、電気スパークなどが発生すると起こる事故で、その一帯に漂う粉塵が一挙に爆発します。

　粉塵爆発の特徴は、最初の小規模の爆発で生じた爆風によって、下に堆積していた粉塵が舞い上げられ、爆発が次々と連鎖的に起こり（二次爆発）、災害が拡大することです。

　粉塵爆発は、ほどよい密度の粉塵、十分な量の酸素や火気（または電気）といった条件さえそろえば、どこでも起こってしまう危険な現象なのです。

粉塵爆発の原理

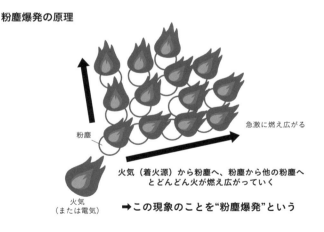

急激に燃え広がる

粉塵

火気（着火源）から粉塵へ、粉塵から他の粉塵へとどんどん火が燃え広がっていく

火気
（または電気）

➡この現象のことを"粉塵爆発"という

第8章
「金属」の化学

47 そもそも金属って何?

金、銀、銅やプラチナをはじめ、鉄や鉛など、私たちの身のまわりには多くの種類の金属があります。ではいったい、金属とはどんなものなのでしょうか。

◎ 金属の条件

ある元素が金属元素とよばれるためには3つの条件をクリアーしなければなりません。

> 【金属の3つの条件】
> ①金属光沢がある
> ②展性・延性がある
> ③電気伝導性がある

どの条件も数値のない、定性的なものにすぎません。金属に「光沢がある」というのはわかりやすいかもしれません。また、「展性がある」というのは、たたいて箔にすることができる性質で、「延性」というのは針金にすることができることをいいます。

たとえば1gの金Auは、長さ2800mもの針金になりますし、箔にすれば1mmの1万分の1(0.1μm)の厚さになり、透明で、透かすと外界が青緑色に見えます。

「金属」の3つの条件

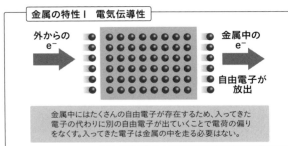

金属の特性1 電気伝導性

外からの e⁻ → 金属中の e⁻ → 自由電子が放出

金属中にはたくさんの自由電子が存在するため、入ってきた電子の代わりに別の自由電子が出ていくことで電荷の偏りをなくす。入ってきた電子は金属の中を走る必要はない。

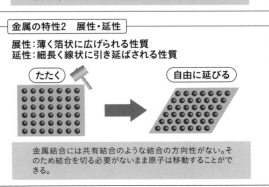

金属の特性2 展性・延性

展性：薄く箔状に広げられる性質
延性：細長く線状に引き延ばされる性質

たたく → 自由に延びる

金属結合には共有結合のような結合の方向性がない。そのため結合を切る必要がないまま原子は移動することができる。

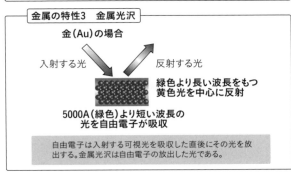

金属の特性3 金属光沢

金(Au)の場合

入射する光　反射する光

緑色より長い波長をもつ黄色光を中心に反射

5000A(緑色)より短い波長の光を自由電子が吸収

自由電子は入射する可視光を吸収した直後にその光を放出する。金属光沢は自由電子の放出した光である。

◎ 伝導性

電流というのは電子の流れです。電子が A 地点から B 地点に移動したとき、電流が B から A に流れたというのです。電子が移動しやすい物質は伝導度の高い良導体、移動しにくい物質は絶縁体、その中間は半導体とよばれます。

> 良導体：電子が移動しやすい物質
> 絶縁体：電子が移動しにくい物質
> 半導体：良導体と絶縁体の中間の物質

固体の金属は、球状の金属イオンが整然と積み重なった結晶で、球と球とのあいだは自由電子 [1] といわれる電子で満ちています。電圧がかかると自由電子は金属イオンの脇をすり抜けるようにし

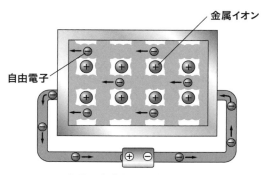

金属は自由電子が移動するので、
固体でも電気を通す。

---

[1] 自由電子とは、物質内で特定の原子間の結合に束縛されず自由に動き回れる電子のこと。 金属結晶などには豊富に含まれるため電気をよく通す良導体となり、ゴムなどには含まれないため電気が流れない絶縁体となる。

て移動します。このとき、金属イオンが動くとそれは伝導度を妨げることになります。

　金属イオンの動き、それは熱振動です。すなわち、高温になると金属イオンの振動は激しくなり、電子は移動しにくくなるのです[2]。

◎ 超伝導性

　そしてある温度（臨界点）になると、伝導度は突如無限大、電気抵抗は０になります。この状態を超伝導状態といいます。超伝導状態では、電気抵抗[3]がありませんから、コイルに発熱なしに大電流を流し続けることができます。つまり、超強力な電磁石を作ることができるのです。このような電磁石を**超伝導磁石**といいます。超伝導磁石は脳の断層写真を撮る MRI（Magnetic Resonance Imaging：磁気共鳴画像診断装置）や、列車の車体を磁石の反発力で浮かして走るリニア新幹線などになくてはならないものです。

　問題は臨界点です。これは現在のところ、絶対温度で数度、つまり－270℃近辺という極めて低温です。このような低温を作るためには液体ヘリウムが必須です。ヘリウムは空気中にもわずかに含まれていますが、これを取り出すには膨大な電力が必要になります。そのため、もっぱらアメリカから輸入しているのが現実なのです。

---

[2]　一般に金属の伝導度は温度の低下とともに上昇する。反対にいえば金属の電気抵抗は温度の低下とともに下降する。

[3]　電流が流れるのを妨げ、電気の一部が熱に変わってしまう。このとき流れている電流エネルギーが熱となって逃げてしまうため、大きなエネルギーの損失になる。

48 金属と貴金属の違いって何？

> 金、銀、プラチナといった金属は、いつまでもさびることがありません。こうした美しく輝き続ける金属のことを「貴金属」といいます。どんな特徴があるのか見てみましょう。

◎ 貴金属の種類

酸化（イオン化）しにくい金属のことを貴金属といいます[*1]。

宝石店に行くと貴金属製品がずらりと並んでいます。その種類は金 Au、銀 Ag、プラチナ Pt（白金）、それとホワイトゴールド（白色金）です。

このうち金、銀、白金は元素です。元素というのはまじりけのない純粋なものをいいます。しかし、ホワイトゴールドは元素ではありません。ホワイトゴールドは青銅や真鍮などと同じ合金[*2]です。主体は金ですが、そのほかに銀、パラジウム Pd などがまじったおかげで白く見えるわけです。

◎ 貴重・高価

貴金属といえば貴重で高価というイメージがありますが、実際はどれくらい高価なのでしょう。

2020 年 4 月現在、金は 1 g 6500 円、プラチナは同 3000 円となっていて、プラチナが金より安いのは歴史的に珍しいことです。普通はプラチナのほうが金より高くなっています。

[*1] 英語で precious metal または noble metal といい、対義語は卑金属。
[*2] いくつかの金属をまぜると、もとの金属にはない特性をもった材料が得られる。それを合金という。

　一方で銀は600円どころで推移しています。ただし、銀の価格は10g立てですから、1gなら60円です。金の100分の1という安さなのです。

◎ オリンピックメダル

　貴金属と聞いて思い出すのはオリンピックのメダルです。金、銀、銅のうち、銅だけが貴金属ではありません。貴金属であるプラチナを加えると、価格からいって2位＝プラチナとならざるを得ず、2位のプラチナ、3位の銀と、ともに白いメダルとなって違いがはっきりしなくなります。

　ところで、金メダルといってもじつは金無垢ではなく、金メッキです。1912年開催のストックホルムオリンピックまでは純金製の金メダルが採用されていましたが、その後は銀製のメダルに6g以上の金をメッキする、ということになりました。

　しかし、この規定は2004年に撤廃されましたから、主催国の判断によって純金のメダルにすることも可能です。東京オリンピックの金メダルの材質はどうなるのか気になりますが、何の議論もないところを見ると、今まで通り金メッキになるのでしょう。

2018年平昌オリンピックのメダル

49 「18金」って何のこと?

金のネックレスや金杯などを見ると、18金（K）とか20Kとかの刻印が押してあります。これは金の純度を表す記号です。純金は24Kです。

◎ 金の純度

　金Auは金色に輝く美しい金属ですが、大変にやわらかい金属です。そのため、純金で宝飾品を作ると、使っているうちに衣服などに擦れて輝きが失われます。そこで、金に銀や銅などの他の金属をまぜて硬度を増します。もちろん、金は高価なので、他の安価な金属をまぜて価格を下げるという目的もあります。

　金の純度を表す記号はKです。Kはカラットと読み、宝石の重さを表す記号 $\overset{\text{カラット}}{\text{C t}}$（1 Ct = 0.2g）と同じ発音です。純金を24Kとし、表示は母数を24とした分数の子数で表します。したがって18Kの金の純度は24分の18で75%となります。

	24k	18k	14k	10k
純度	金100%	金75%	金58%	金42%
硬度	←柔		硬→	
輝き度	←強		弱→	
変色	←しない		しやすい→	
変形	←しやすい		しにくい→	
アレルギー	起きにくい		起きやすい	

◎ 金の色

　金の色は「金色」と考えがちですが、じつは「金色」にもいろいろの色があります。金に銅をまぜると赤色がかってきます。このような金を日本では赤金（あかきん）とよびます。一方、20%以上の銀をまぜると青っぽく見え、青金（あおきん）とよばれます。

　また金にパラジウム Pd と銀をまぜると白い銀色になります。これは一般にホワイトゴールド（白色金）とよばれ、宝飾品として人気のようです。

◎ 金の鯱

　名古屋城の天守閣には金の鯱（しゃちほこ）がのっていることで有名です。天守閣創建当時の鯱は、豊臣秀吉の作った慶長大判を、雄雌あわせてじつに 1940 枚も使ったものでした。大判 1 枚が 165g ですから、320 kg になります。ただし慶長大判の純度はあまり高くなく、68%（16 K 程度）ですから、純金に換算すると 220kg 程度になります。金価格を 1 g＝6500 円とすると 220 kg では 14 億円ほどになります[*1]。

　しかしその後、尾張藩の財政悪化に伴い、3 度にわたって鯱は天守閣から下ろされ、鱗を剥がれて純度の低い金に鋳なおされ続けました。そのため、最後には光沢が鈍り、これを隠すため金鯱の周りに金網を張ってカモフラージュしたといいます。その天守閣も昭和 20 年の空襲で焼け落ち、現存する金鯱は昭和 34 年に再建されたもので、18 金（純度 75%）の金板が雌雄あわせて 88 kg[*2] 使われているといいます。

---

*1　14 億円ぽっち（失礼！）の投資で、江戸時代を通じて名古屋が有名になったことを考えれば、宣伝のコストパフォーマンスとしては満点以上ではないか。
*2　純金換算で 66 kg、4 億円ほど。

50 レアメタルって47種類もあるの？

レアメタルは「希少金属」を意味する言葉です。この言葉は科学的な分類で使われるものではなく、日本の政治・経済的な事情によって分類されています。

◎ レアメタルって何？

レアメタルは希少金属と訳されますが、「希少」とはどういうことでしょうか。一般的に貴金属の金、銀、白金（プラチナ）は希少と思われがちですが、これらは希少金属ではありません。たとえばリチウム電池に必須のリチウムや、白熱電球に使われるタングステンが希少金属にあたります。

じつは「希少金属」という分類は、科学的な分類ではありません。それは政治、経済的な分類なのです。

日本にとって政治的・経済的に重要なのかどうか、そしてそれらの物質が日本に存在するかどうか、といった観点から特定された金属なのです。

◎ レアメタルの定義

このような観点から見ると、レアメタルと指定するための定義、条件は自ずと決まってきます。まず第1に、現代科学産業にとって重要な金属であること。第2に、日本における埋蔵量が少ない金属であること。最後に、単離、精錬の困難な金属であることです。

レアメタルはかつて「現代科学産業のビタミン」といわれましたが、現在は「現代科学産業の"米"」といわれます。そのくらい、現代の化学産業はレアメタルなくして成り立たなくなっています。

ただどれだけ重要な金属でも、日本で十分に産出する金属は「レアメタル」ではありません。金、銀がレアメタルに指定されないのはそのためです。

また、金属の中には鉱石から純粋な金属として単離するのが困難なものがあります。そうした金属もレアメタルとされます。

◎ 元素の半分はレアメタル？

地球上の自然界に存在する元素、約90種類のうち、レアメタルと指定された元素は**47種類**あります。つまり元素のうち半分以上はレアメタルなのです[*1]。

レアメタルの身近な例としては、ステンレスに入っているニッケル Ni やクロム Cr があります。テレビやスマホの画面に色彩を与えるのはガリウム Ga、インジウム In などです。また、音声の発振などに使われる超小型磁石もコバルト Co、サマリウム Sm、ネオジム Nd などのレアメタルが使われています。

[*1] ただしこの中には、ホウ素（B）やテルル（Te）のように金属元素でないものも含まれている。

元素の周期表とレアメタル

1	2	3	4	5	6	7	8	9
1 H 水素								
3 Li リチウム	4 Be ベリリウム							
11 Na ナトリウム	12 Mg マグネシウム							
19 K カリウム	20 Ca カルシウム	21 Sc スカンジウム	22 Ti チタン	23 V バナジウム	24 Cr クロム	25 Mn マンガン	26 Fe 鉄	27 Co コバルト
37 Rb ルビジウム	38 Sr ストロンチウム	39 Y イットリウム	40 Zr ジルコニウム	41 Nb ニオブ	42 Mo モリブデン	43 Tc テクネチウム	44 Ru ルテニウム	45 Rh ロジウム
55 Cs セシウム	56 Ba バリウム	57~71 ランタノイド	72 Hf ハフニウム	73 Ta タンタル	74 W タングステン	75 Re レニウム	76 Os オスミウム	77 Ir イリジウム
87 Fr フランシウム	88 Ra ラジウム	89~103 アクチノイド	104 Rf ラサフォルジウム	105 Db ドブニウム	106 Sg シーボーギウム	107 Bh ボーリウム	108 Hs ハッシウム	109 Mt マイトネリウム

凡例： Li リチウム　レアメタル

ランタノイド	57 La ランタン	58 Ce セリウム	59 Pr プラセオジム	60 Nd ネオジム	61 Pm プロメチウム	62 Sm サマリウム

アクチノイド	89 Ac アクチニウム	90 Th トリウム	91 Pa プロトアクチニウム	92 U ウラン	93 Np ネプツニウム	94 Pu プルトニウム

10	11	12	13	14	15	16	17	18
								2 **He** ヘリウム
			5 **B** ホウ素	6 **C** 炭素	7 **N** 窒素	8 **O** 酸素	9 **F** フッ素	10 **Ne** ネオン
			13 **Al** アルミニウム	14 **Si** ケイ素	15 **P** リン	16 **S** 硫黄	17 **Cl** 塩素	18 **Ar** アルゴン
28 **Ni** ニッケル	29 **Cu** 銅	30 **Zn** 亜鉛	31 **Ga** ガリウム	32 **Ge** ゲルマニウム	33 **As** ヒ素	34 **Se** セレン	35 **Br** 臭素	36 **Kr** クリプトン
46 **Pd** パラジウム	47 **Ag** 銀	48 **Cd** カドミウム	49 **In** インジウム	50 **Sn** スズ	51 **Sb** アンチモン	52 **Te** テルル	53 **I** ヨウ素	54 **Xe** キセノン
78 **Pt** 白金	79 **Au** 金	80 **Hg** 水銀	81 **Tl** タリウム	82 **Pb** 鉛	83 **Bi** ビスマス	84 **Po** ポロニウム	85 **At** アスタチン	86 **Rn** ラドン
110 **Ds** ダームスタチウム	111 **Rg** レントゲニウム	112 **Cn** コペルニシウム	113 **Nh** ニホニウム	114 **Fl** フレロビウム	115 **Mc** モスコビウム	116 **Lv** リバモリウム	117 **Ts** テネシン	118 **Og** オガネソン

63 **Eu** ユウロピウム	64 **Gd** ガドリニウム	65 **Tb** テルビウム	66 **Dy** ジスプロシウム	67 **Ho** ホルミウム	68 **Er** エルビウム	69 **Tm** ツリウム	70 **Yb** イッテルビウム	71 **Lu** ルテチウム
95 **Am** アメリシウム	96 **Cm** キュリウム	97 **Bk** バークリウム	98 **Cf** カリホルニウム	99 **Es** アインスタイニウム	100 **Fm** フェルミウム	101 **Md** メンデレビウム	102 **No** ノーベリウム	103 **Lr** ローレンシウム

51 金属をまぜあわせた合金って何？

私たちの周囲には多くの種類の金属がありますが、そのほとんどは純粋の金属ではありません。何種類かの金属がまじった「合金」です。

◎ 青銅時代

世界史は石器時代、青銅器時代、鉄器時代に分けられます。現代は鉄器時代に相当します。青銅器時代は紀元前3500年ごろから紀元前1200年くらいまでとされています。この間、人類は各種の道具、武器を作るのに青銅を用いたのです[*1]。

このように青銅は人類が最初に用いた金属だったようです。青銅は合金です。青銅は銅 Cu とスズ Sn の合金であり、英語ではブロンズといいます。青銅の色はスズの割合によって金色からチョコレート色までいろいろ変化します。

奈良の大仏など、日本の金属仏の多くは青銅製ですが、その色はチョコレート色です。にもかかわらず「青い銅」青銅というのは、さびると銅のさびである緑青が生じて青緑色に変化するからです。鎌倉の大仏がよい例ですね。

◎ ブラスバンドと貨幣

銅と亜鉛の合金を真鍮、黄銅、英語でブラスといいます。真鍮は金色の合金であり、磨くと金のように美しく輝きます。そのた

---

*1 中国は青銅の作り方に優れており、鉄器の必要性を感じなかったのではないかといわれ、それが、文明の発展した中国が鉄器を利用するのに遅れた理由と考えられている。

め、吹奏楽の楽器によく用いられます。吹奏楽団をブラスバンドというのは、楽器に使う真鍮（ブラス）からとった名前です。

　日本の貨幣には真鍮の5円玉、青銅の10円玉、白銅（銅＋ニッケル Ni）の100円玉、ニッケル黄銅（銅＋亜鉛＋ニッケル）の500円玉などのように、銅の合金がよく用いられます。これは銅の殺菌作用を利用したものといわれています。

◎ 新しい合金

　最近では航空機の発展に伴って、軽くて丈夫な合金が要求されます。そうした用途に応じるものとして**チタン合金**があります。これはチタン Ti [*2] にバナジウム V やパラジウム Pd などをまぜたもので、特に戦闘機に欠かせない金属となっています。

　またマグネシウム Mg にアルミニウム Al や亜鉛 Zn をまぜた**マグネシウム合金**は軽くて丈夫なため、航空機や自動車のホイール、あるいはノートパソコンの骨格などに用いられます。

　このほかにも、炭化タングステン WC をまぜた**超硬合金**（鉄＋ WC）、800 〜 1100℃の高温に耐える**超耐熱合金**（鉄＋コバルト Co＋ タングステン W）、反対に宇宙空間の超低温に耐える**マルエージング鋼**（鉄＋ニッケル＋コバルト）など各種の合金が開発されています。

---

　*2　チタンには「軽い・強い・さびにくい」といった特性がある。

52 どうしてステンレスはさびないの？

自然界は化学反応で成り立っています。化学反応には多くの種類がありますが、中でも基本的なのが酸化・還元反応です。金属のさびや生物の呼吸など、いろいろの場面で起こる反応です。

◎ 酸素との反応

一般的な包丁は鉄 Fe でできていて、手入れをしなかったり放っておいたままにするとさびてしまいます。鉄は酸素と結合してさびやすい金属だからです。

鉄は酸素と結合すると酸化鉄（Ⅲ）Fe_2O_3 となります。この酸化鉄は赤いので一般に**赤さび**といわれ、表面が荒くて脆いのでさびはどんどん広がっていき、最終的には鉄はボロボロに朽ちてしまいます。

鉄のさびにはもうひとつ四三酸化鉄 Fe_3O_4 という酸化物があります。これは黒いので一般に**黒さび**といわれますが、表面が緻密で硬いのでさびは内部に広がることがなく、鉄の表面を保護します。このようなさびを一般に不動態といいます。

ただし、四三酸化鉄は一般に自然に発生することはなく、鉄の表面を人為的に高温に熱したときに発生します。

◎ 酸化・還元の定義

上で見たように、原子や分子が酸素と結合する反応を酸化反応

といい、その結果生じた生成物を一般に酸化物といいます。金属が酸素と結合する場合には、金属が「さびた」といいます。酸化・還元反応は「酸素のやり取り」と考えるとわかりやすいでしょう。

> ① ある元素が酸素と結合したとき、その元素は**酸化された**といいます。
> ② 反対に、ある分子から酸素が取り除かれたとき、その分子は**還元された**といいます。

アルミニウム Al と酸化鉄 Fe_2O_3 の混合物の反応で、テルミット反応とよばれるものがあります。強い光と高温を出すので有名な反応です。

$$2Al \;+\; Fe_2O_3 \;\rightarrow\; Al_2O_3 \;+\; 2Fe$$

この反応によってアルミニウム Al は酸素と結合して酸化アルミニウム Al_2O_3 になっています。したがって Al は定義①によって**酸化された**ことになります。反対に Fe_2O_3 は酸素を失っています。したがって Fe_2O_3 は定義②によって**還元された**ことになります。

◎ 酸化剤・還元剤の定義

相手を酸化する薬剤を酸化剤、相手を還元する薬剤を還元剤といいます。酸素を基準にして考えると次のようになります。

③ 相手に酸素を与える物質を**酸化剤**といいます。

④ 相手から酸素を奪う物質を**還元剤**といいます。

　この定義をもとにしてテルミット反応を見てみましょう。すると、Fe_2O_3 は Al に酸素を与えています。したがって Fe_2O_3 は定義③によって酸化剤としてはたらいていることになります。反対に Al は Fe_2O_3 から酸素を奪っています。したがって定義④によって Al は還元剤としてはたらいていることになります。

◎ 金属酸化物

　鉄に限らず、金、銀、白金などの貴金属を除く多くの金属や元素は、酸素と反応して酸化物となります。一般に岩石や鉱物といわれるものの多くはこのような酸化物です。

　金属の状態で産出する金属は貴金属などの少数の金属だけで、その他の金属は酸化物や、硫黄と反応した硫化物などの状態で産出します。そのため、地殻に存在する元素の中で、重量的にもっとも多いのは酸素ということになります。2番目に多いのがケイ素 Si、3番目がアルミニウム Al、そして4番目が鉄 Fe となります。

◎ 不動態

　さびというのは金属が酸素と反応（酸化）して生じたもので、貴金属を除けばほとんどすべての金属はさびるとお伝えしました。しかし金属の中には、内部までさびが広がって、やがて朽ち

てしまうものと、さびが金属の表面にとどまって、内部には進行しないものの2種類があります。

　後者のようなさびを**不動態**といいます。不動態といわれるさびは、その構造が緻密で硬く、そのためさびが防御壁となり、それ以上さびが内部に進行できなくなっている状態です。

　不動態としてよく知られたものがアルミニウムのさび Al_2O_3 で、酸化アルミニウム、あるいは一般にアルミナといわれるものです [1]。

　ちなみに宝石のルビーとサファイアはともにアルミナの単結晶であり、いってみればお弁当箱の表面が固まったようなものです。不純物としてクロム Cr が入ると赤いルビーになり、鉄やチタンが入ると青になります。宝飾的には赤以外の酸化アルミナ単結晶はすべてサファイアとよばれるそうです。

◎ ステンレスがさびないわけ

　ステンレスとは "Stain（さび）＋ less（ない）" という意味で、スチールに別の金属を加えてさびにくくした合金です。1913年にイギリスの冶金学者ハリー・ブレアリーによって発明されました。一般にステンレスは13%以上のクロムを含む鋼のことをいいますが、もっとも高性能で知られるステンレス「18-8ステンレス」はクロム18%、ニッケル8%、残りが鉄という合金です。

　クロムもニッケルも不動態を作りますが、ステンレスの場合には特にクロムが薄くて硬い不動態を作り、それ以上の酸化に抵抗します。クロムの不動態の膜は非常に薄いのでほとんど透明であ

---

[1] アルミニウムの表面に人工的にアルミナを析出させたものは商品名「アルマイト」とよばれ、日本人の発明品として知られている。

り、そのため内部の金属の金属光沢がそのまま見えるので、ステンレス特有の鋭い光沢のある美しい状態を保ち続けます。

　ステンレスの特色はさびないだけではありません。耐熱性、機械的強度も大変に高く、構造材として現代最高クラスの性能をもっています。そのため原子炉の炉心部を入れる耐圧容器にも用いられているほどです。

　欠点があるとしたら、これはすべての鉄合金の宿命ですが、比重が7.7 〜 7.9 と大きい（重い）ということでしょう（鉄の比重＝ 7.87）。また、ステンレスもさびることはあります。そうしたときはよく洗ってさびを落としてから乾燥すれば元に戻るといいますが、ダメな場合はさびの部分を削り落とすのがよいそうです。新しい金属面にただちに新しい不動態が成長します。

ステンレスのいろいろ

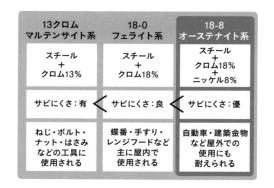

53 金属が燃えると大変なことになる?

バーベキューで鉄板に肉を乗せると、肉は焼けても鉄板は焼けません。またガスレンジで魚を焼いても、金属製のレンジは焼けませんよね。では、金属が焼けることはないのでしょうか。

◎ 燃える金属もある

じつは金属が燃えないと思ったら間違いで、貴金属はともかく、多くの金属は条件しだいで激しく燃えます。

中学校の理科の時間でやった実験に「鉄の燃焼」があることを覚えているでしょうか。ガラス製の広口瓶に酸素ガスを入れ、そこに毛状の細い鉄、スチールウールを入れてマッチの炎を近づけると、鉄は激しく火の粉を散らしながら燃えます。つまり、**鉄も十分な酸素があれば燃える**のです。

水と反応して酸化される金属もあります。銀白色の軽い金属(比重0.97)ナトリウム Na の米粒ほどの粒を洗面器の水に入れると、水面を動き回った末にパチッと音を立てて炎を上げます。

これはナトリウムが水と激しく反応して酸化され、酸化ナトリウム Na_2O と可燃性の水素ガス H_2 になり、水素ガスが反応熱によって空気中の酸素と反応して発火した結果です。

$$2Na + H_2O \rightarrow Na_2O + H_2$$
$$2H_2 + O_2 \rightarrow 2H_2O$$

ナトリウムが米粒大ですからこの程度の反応で済みますが、もしナトリウムの量が多ければ大爆発になります。

◎ 金属火災

　岐阜県土岐市で 2012 年 5 月 22 日未明、金属加工会社にあった原材料のマグネシウム Mg に引火した火災が発生しました。消防車がかけつけましたが、燃えているマグネシウムに水をかけたら、水素ガスが発生して爆発が起きてしまうため消火活動ができません。仕方なく、マグネシウムが燃え尽きるまで延焼しないように火災を見守る以外ありませんでした。

$$Mg + H_2O \rightarrow MgO + H_2$$

　結局鎮火したのは 6 日後の 5 月 28 日になってのことでした。その後も、工場周辺は高温の状態が続き、実況見分に入れたのは 6 月 13 日になってのことでした。

　金属による火災はこのほかにも、鉄 Fe、アルミニウム Al、亜鉛 Zn、カルシウム Ca、カリウム K、リチウム Li などが原因となって起こります。このように金属火災は、起こってしまうと有効な消火手段がありません。

　実験室で起こるような小規模な火災なら、乾燥した砂をかけて酸素を絶つという「窒息消火」をおこなうこともできますが、大規模な火災ではそれも現実的な手段とはなりません。金属を扱う人は、金属も燃えるという認識をもって注意する必要があります。

第9章
「原子と放射能」の化学

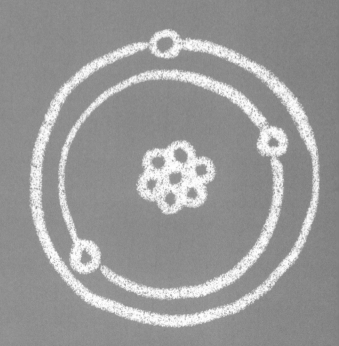

54 原子と原子核ってどんなもの?

私たちが暮らす世界は「物質」からできています。そしてすべての物質は「原子」からできています。原子は物質を作る究極の「粒子」です。

◎ 原子は見ることができない

私たちが目にするあらゆるものは「原子」によって形作られています。では「原子」とはどんなものでしょうか。

たとえば風船や気球、飛行船を思い浮かべてみましょう。これらの中にはヘリウムガスが入れられています。テーマパークに行くと、よく上のほうに飛んでいってしまった風船を見ることがありますよね。ヘリウムガスはとても軽いため、風船や気球を浮かせることができるのです。

また、ヘリウムは沸点が−269℃ととても低い性質をもちます。その高い熱冷却性能から、脳の断層写真を撮る MRI[*1] やリニアー新幹線の車体を磁石の反発力で浮かせるのに使われる超伝導磁石の冷却剤に用いられるなど、現代科学に欠かせない素材として活用されています。

このヘリウムガスを構成するのが**ヘリウム原子**です。

でも、この原子を私たちは見ることができません。現代最高の性能をもった電子顕微鏡を用いても、1個の原子の形をくわしく観察することはできないのです[*2]。

[*1] MRI は Magnetic Resonance Imaging の略。体内に存在する水素原子が磁気に反応する原理を利用した磁気共鳴検査とよばれる画像診断の一種。

[*2] これは将来も同じこと。原子のように小さな粒子を観察することは量子化学の原理によって不可能とされているため。

◎ **原子は雲のようなもの？**

とはいえ、いろいろの実験事実を総合すると、原子は雲でできた球のようなものと考えられています。

雲というのは、「輪郭がはっきりしていない」ということです。雲は霧が濃くなったものですが、山に登って霧の中に入ると、どこまでが霧でどこからが雲なのかの領域ははっきりしませんね。そのようなイメージのものなのです。

原子を構成するこの雲は、－1単位の電荷をもった**電子**とよばれる粒子でできているので「電子雲」といいます。そして、電子雲の中心には**原子核**とよばれる1個の小さくて密度の大きな粒子が入っています。

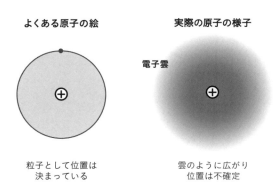

よくある原子の絵

実際の原子の様子

電子雲

粒子として位置は
決まっている

雲のように広がり
位置は不確定

◎ **原子の大きさってどのくらい？**

原子には水素原子のように小さなものからウラン原子のように

大きなものまでいろいろありますが、平均的な直径はおおよそ10^{-10}m と考えられます。

　ナノメートル（10^{-9}m）スケールの微小物質を扱う技術のことを「ナノテク」といいますが、原子の直径はナノメートルの10分の1、体積でいえば1000分の1ということになります。

　といってもさっぱりイメージが湧きませんよね。そこで原子をピンポン玉の大きさと考えてみます。すると、同じ拡大率で示したもともとのピンポン玉は地球ほどの大きさになることを意味するのです。

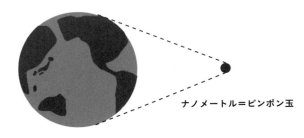

ナノメートル＝ピンポン玉

地球＝メートルサイズとすると

「ナノ」サイズのイメージ

　ここまで、原子は電子雲とその中心にある小さくて密度の大きい原子核からできていることをお伝えしました。では、原子核とはどのようなものなのか見ていきましょう。

◎ 原子核の大きさはどのくらい？

　原子核の直径は 10^{-14}m ほどです。直径 10^{-10}m の原子と比べた

ら、原子の大きさは原子核の 10^4 倍、つまり 1 万倍もあることになります。これは、原子核を直径 1 cm の球としたら、原子の直径は 10^4 cm、すなわち 10^2 m ＝ 100 m となることを意味します。

わかりやすくたとえてみます。東京ドームを 2 個貼りあわせたものを原子と考えてください。すると原子核はピッチャーマウンドに置かれたパチンコ玉のような大きさになるということです。

原子核は直径が原子の 1 万分の 1 ですから、体積でいえば 1 兆分の 1 です。ほとんど無視できるほどの大きさでしかありません。

原子と原子核のサイズ比（イメージ）

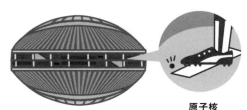

原子
東京ドームを
2個合わせたものとする

原子核
ピッチャーマウンド上の
パチンコ玉くらいの大きさ

ところが、原子の重さの 99.9 ％以上はその原子核にあることがわかっています。つまり、**原子核はとんでもなく密度の高い粒子**なのです。

それに対して、電子雲は体積ばかり大きくて、重さ（実体）のない、まさしく雲のようなものといえるかもしれません。しかし、**原子の反応、化学反応を支配するのはこの電子雲のほう**なのです。原子核は化学反応には関係しません[*3]。

*3　ところが、原子炉や原子力発電、あるいは原子爆弾、水素爆弾に関係しているのは原子核のほうになる。

◎ 原子核を作る粒子

　このように小さくて重い原子核ですが、じつは原子核も2種類のさらに小さな粒子からできていることが知られています。陽子（p）と中性子（n）です。陽子は＋1単位の電荷と、1質量単位の重さをもっています。それに対して中性子は、重さは1質量単位ですが電荷はもっていません。

　原子核を構成する陽子の個数を原子番号（Z）、陽子と中性子の個数の和を質量数（A）といいます。Aは元素記号の左肩に添え字で書く約束になっています。^{235}U や ^{238}U などです。

　原子の相対的な重さを表す数値に「原子量」というものがありますが、多くの原子では原子量は質量数とほぼ等しい数値になっ

例　ヘリウム原子He

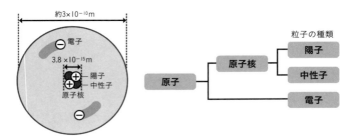

ています。

　原子は原子番号に等しい個数の電子をもっています。この結果、原子の電子雲の電荷は−Ｚとなり、原子核の電荷＋Ｚと相殺するので、**原子は全体として電気的に中性**ということになります。

　原子の中には陽子数が同じで中性子数が異なる、つまりＺは同じなのにＡが異なる原子があります。このような原子を互いに「同位体（アイソトープ）」といいます。左ページで見た ^{235}U と ^{238}U がその例です。

　同位体は電子数が同じ、つまり電子雲の構造、性質が同じなので、化学的性質もまったく同じです。つまり、まったく同じ化学反応をおこないます。しかし原子核は異なっているので、原子核反応は異なります。

水素の同位体

| ⊕ 陽子 ● 中性子 ⊖ 電子 |

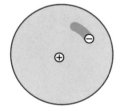

水素原子 $^{1}_{1}$H（存在比99.9885％）

陽子１個　中性子０個　電子１個
質量数＝1＋0＝1

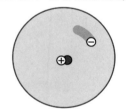

重水素原子 $^{2}_{1}$H（存在比0.0115％）

陽子１個　中性子１個　電子１個
質量数＝1＋1＝2

55 原子の種類はどれくらいあるの?

> 宇宙のすべては原子でできています。宇宙に存在する物質の種類はまさしく無限大といっていいほどの多さですが、それを作っている原子の種類は驚くほど少ないです。

◎ 原子の種類

地球上の自然界に存在する原子はわずか90種類ほどにすぎません。じつはこの他に人間が人工的に作り出した原子もあります。しかしそれを含めても118種類にすぎないのです。

すべての原子を一覧表にまとめた表を周期表といいます（184ページ参照）。周期表は、原子を原子番号（大きさ）の順に並べ、適当な箇所で折り返した表です。周期表の最上部には1〜18までの数字（族番号）があります。これはカレンダーの「曜日」に相当します。たとえば族番号1の下に並ぶ原子は1族原子とよばれ、みな似たような性質をもちます。族番号18の下に並ぶ元素も同じです。

◎ 周期表と元素の性質

周期表を見れば原子の性質を推定することができます。原子には少ないですが気体のものがあります。それは水素原子を除けばすべて周期表の右端のほうに集中しています。

原子は鉄や銅、金などの金属原子と、それ以外の非金属原子

に分けることができます。この非金属原子も原子番号1の水素 H を例外として、すべて周期表の右上にまとまっています。非金属原子の数は水素を入れてわずか22種類しかありません。残り70種類に近い自然界の元素はすべて金属原子なのです。ところが、すべての生体は非金属原子を主体として作られています。自然界において生体がいかに特異な存在なのかがよくわかります。

原子核反応を活発におこない、原子炉の燃料や核爆弾の原料になる、トリウム Th、ウラン U、プルトニウム Pu などの原子はすべて周期表の最下段、アクチノイド原子の一員です。すなわち、原子番号の大きい、いってみれば図体の大きい原子に限られているのです。

このように、周期表は原子の性質、反応性をわかりやすく示しているわけです。

◎ 原子量

原子は非常に小さいものですから、原子1個の重さを量るというのは現実的ではありません。そこで各原子の相対的な重さを定義してそれを原子量ということにしました。主な原子の原子量は H = 1、C = 12、N = 14、O = 16 です。簡単な数字ですから覚えるのにそれほど苦労はしないでしょうし、覚えていると何かと便利です。

1個1個は軽い原子もたくさん集めればそれなりの重さになります。膨大な個数になるでしょうが、何個か集めたらその集団の重さは、原子量（の数字に g をつけたもの）になります[*1]。

[*1] このときの原子の個数を数えると 6×10^{23} になることを発見した化学者の名前をとって「アボガドロ定数」という。アボガドロ定数個の集団を1モルとよぶ。

元素の周期表

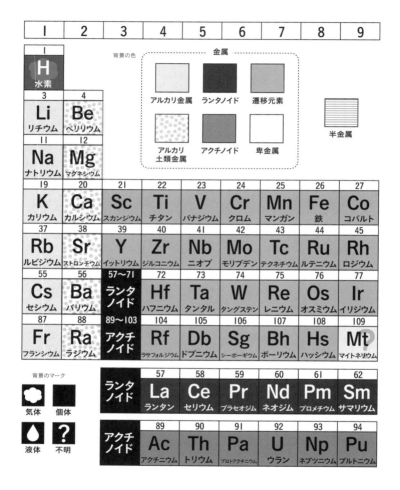

	1	2	3	4	5	6	7	8	9

背景の色

金属

| アルカリ金属 | ランタノイド | 遷移元素 |
| アルカリ土類金属 | アクチノイド | 卑金属 |

半金属

背景のマーク

| 気体 | 個体 |
| 液体 | 不明 |

1 H 水素								
3 Li リチウム	4 Be ベリリウム							
11 Na ナトリウム	12 Mg マグネシウム							
19 K カリウム	20 Ca カルシウム	21 Sc スカンジウム	22 Ti チタン	23 V バナジウム	24 Cr クロム	25 Mn マンガン	26 Fe 鉄	27 Co コバルト
37 Rb ルビジウム	38 Sr ストロンチウム	39 Y イットリウム	40 Zr ジルコニウム	41 Nb ニオブ	42 Mo モリブデン	43 Tc テクネチウム	44 Ru ルテニウム	45 Rh ロジウム
55 Cs セシウム	56 Ba バリウム	57〜71 ランタノイド	72 Hf ハフニウム	73 Ta タンタル	74 W タングステン	75 Re レニウム	76 Os オスミウム	77 Ir イリジウム
87 Fr フランシウム	88 Ra ラジウム	89〜103 アクチノイド	104 Rf ラザフォルジウム	105 Db ドブニウム	106 Sg シーボーギウム	107 Bh ボーリウム	108 Hs ハッシウム	109 Mt マイトネリウム

| ランタノイド | 57 La ランタン | 58 Ce セリウム | 59 Pr プラセオジム | 60 Nd ネオジム | 61 Pm プロメチウム | 62 Sm サマリウム |
| アクチノイド | 89 Ac アクチニウム | 90 Th トリウム | 91 Pa プロトアクチニウム | 92 U ウラン | 93 Np ネプツニウム | 94 Pu プルトニウム |

10	11	12	13	14	15	16	17	18

非金属元素

卑金属元素

希ガス

								2 **He** ヘリウム
			5 **B** ホウ素	6 **C** 炭素	7 **N** 窒素	8 **O** 酸素	9 **F** フッ素	10 **Ne** ネオン
			13 **Al** アルミニウム	14 **Si** ケイ素	15 **P** リン	16 **S** 硫黄	17 **Cl** 塩素	18 **Ar** アルゴン
28 **Ni** ニッケル	29 **Cu** 銅	30 **Zn** 亜鉛	31 **Ga** ガリウム	32 **Ge** ゲルマニウム	33 **As** ヒ素	34 **Se** セレン	35 **Br** 臭素	36 **Kr** クリプトン
46 **Pd** パラジウム	47 **Ag** 銀	48 **Cd** カドミウム	49 **In** インジウム	50 **Sn** スズ	51 **Sb** アンチモン	52 **Te** テルル	53 **I** ヨウ素	54 **Xe** キセノン
78 **Pt** 白金	79 **Au** 金	80 **Hg** 水銀	81 **Tl** タリウム	82 **Pb** 鉛	83 **Bi** ビスマス	84 **Po** ポロニウム	85 **At** アスタチン	86 **Rn** ラドン
110 **Ds** ダームスタチウム	111 **Rg** レントゲニウム	112 **Cn** コペルニシウム	113 **Nh** ニホニウム	114 **Fl** フレロビウム	115 **Mc** モスコビウム	116 **Lv** リバモリウム	117 **Ts** テネシン	118 **Og** オガネソン

63 **Eu** ユウロピウム	64 **Gd** ガドリニウム	65 **Tb** テルビウム	66 **Dy** ジスプロシウム	67 **Ho** ホルミウム	68 **Er** エルビウム	69 **Tm** ツリウム	70 **Yb** イッテルビウム	71 **Lu** ルテチウム
95 **Am** アメリシウム	96 **Cm** キュリウム	97 **Bk** バークリウム	98 **Cf** カリホルニウム	99 **Es** アインスタイニウム	100 **Fm** フェルミウム	101 **Md** メンデレビウム	102 **No** ノーベリウム	103 **Lr** ローレンシウム

◎ 分子量と気体の重さ

原子量と同じように、分子に対しても相対的な重さを定義し、それを分子量とよぶことにしました。具体的には、分子量は分子を構成する原子の原子量の総和をいいます。

つまり水素分子 H_2 なら分子量は $1 \times 2 = 2$ です。水 H_2O なら $1 \times 2 + 16 = 18$ となり、二酸化炭素 CO_2 なら $12 + 16 \times 2 = 44$ となります。また、窒素と酸素の4:1混合物である空気の（平均）分子量は 28.8 と見ることができます。

そして、原子の場合と同じように、分子の場合も1モルの分子の重さ（質量）は、分子量（の数値に g をつけたもの）となります。

分子量が大きな意味をもつのは気体の重さです。気体も分子の集まりですから、重さはあります。したがって1モルの気体は分子量（+g）と同じ重さをもちます[*2]。0℃・1気圧で 22.4 L の水素ガス H_2 は2g、ヘリウムガス He は4g、天然ガスのメタンガス CH_4 は 16g、水蒸気 H_2O は 18g となります。窒素ガス N_2 は 28g、空気は 28.8g となります。

したがって、これまでに見たガスはすべて空気より軽いので上方に昇ることになります。

それに対して酸素ガス O_2（32g）、二酸化炭素 CO_2（44g）、硫化水素 H_2S（34g）、塩素ガス Cl_2（71g）などは空気より重いので地上にたまることになります。

[*2] しかも、気体の場合には No.24 で見たように気体の種類に関係なく1モルの気体は 0℃、1気圧で 22.4 L の体積をとる。

56 原子核反応って何？

原子や分子が起こす反応を一般に化学反応といいます。それに対して原子核が起こす反応を原子核反応といいます。原子核反応とはどんなものでしょうか。

◎ 化学反応と原子核反応

原子は、体積は大きいが重さは無視できる電子雲と、体積は無視できるが、原子の重さのすべてを担う原子核からできています。

酸化還元反応や、中和反応のような化学反応は電子雲が起こします。原子核は化学反応にまったく関与しません。電子雲の奥深くにじっとしているだけです。

しかし、原子核も反応を起こすことがあります。それが原子核反応です。原子核反応とは、原子核が他の原子核に変化する反応であり、元素が他の元素に変化するという"大変"なことなのです。

◎ 錬金術

中世には鉛 Pb のような安価な卑金属を、金 Au のような高価な貴金属に換えることを試みた錬金術師が横行しました。しかしその後、元素を他の元素に変化させることは不可能であることが「明らか」となり、その考えは 20 世紀初頭まで受け継がれました。そのため、錬金術師は詐欺師の代名詞のように扱われることになってしまいました。

しかし、先に説明した原子核反応は元素を他の元素に変換することが可能であることを示しています。実際現在では水銀 Hg のような卑金属を金に変化させることは可能となっています。つまり、錬金術は可能になったのです。

　ただし、それは錬金術がお金儲けの手段になったということとはまったく違います。水銀を金に換えるためには原子炉が必要で、その建設費や維持費は膨大です[*1]。

◎ 地球の中心温度

　地球の温度は中心になるほど高温になります。中心温度は太陽の表面温度に近い 6000℃ 程度といわれます。

　現在も地球が熱い理由は、地下で原子核反応が進行し続けているからです。燃焼反応という化学反応が発熱反応であるように、原子核反応も発熱反応です。しかも発熱量は化学反応の比ではありません。そのため、地球の中心は現在も熱くなっているのです。原子核反応はこの瞬間にも起こっているのです。

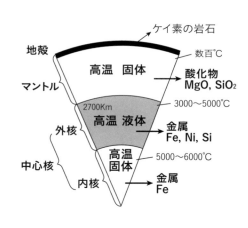

---

*1　原子炉の建設費は、1 基 1 兆円程度はかかるうえ、水銀を金に換えるためには原子炉の稼働に膨大な維持費が必要。結局そのようにして作られた人造「金」は莫大な価格になると思われる。

57 核融合と核分裂の違いって何?

核爆弾は原子核反応、水素爆弾は核融合反応、原子爆弾は核分裂反応を利用したものです。それぞれの違いは何なのでしょうか。また原子力発電はどれを利用したものなのでしょうか。

◎ 原子核の安定性

原子核には原子番号の小さい原子核と、大きい原子核があります。下のグラフは原子核の安定性と原子番号の関係を表したものです。これは一般的な位置エネルギーのグラフと同じで、上方にあるものは高エネルギーで不安定、下方のものは低エネルギーで安定なことを示します。家ならば2階が高エネルギーで、1階は低エネルギーということです。

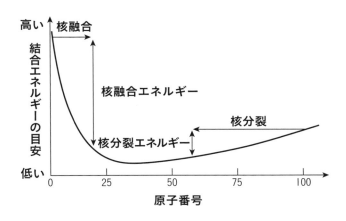

189

グラフによれば、水素原子 H（原子番号 1）のような小さな原子核も、ウラン原子 U（原子番号 92）のように大きな原子核も、ともに高エネルギーで不安定であることがわかります。安定なのは原子番号 26 程度、つまり鉄 Fe のあたりなのです。

　ということは、小さい原子核 2 個を融合して（核融合反応）大きな原子にしたら、余分なエネルギーが放出されることになります。このエネルギーを**核融合エネルギー**といいます。反対に大きな原子核を壊して（核分裂反応）小さくしてもエネルギーが放出されます。このエネルギーを**核分裂エネルギー**といいます。

◎ 核融合エネルギーと核分裂エネルギー

　太陽などの恒星では水素原子 H が核融合してヘリウム原子 He になる核融合反応が起こっています。そしてこの反応で放出されるエネルギー（核融合エネルギー）が太陽の熱や光のもととなっています。つまり私たちは核融合エネルギーの恩恵のもとで生きているわけです。

　人類はこの核融合反応を人為的に起こすことに成功しました。しかしそれは、水素爆弾というおぞましい破壊手段でした。現在、核融合反応を平和的に利用して電力を発生しようという核融合発電の研究が各国協力のもとで進行しています。しかし核融合発電が実用化されるのは、数十年先であろうといわれています。

　一方、人類は核分裂反応を人為的に起こすことにも成功しました。これが広島や長崎に落とされた原子爆弾でした。

　原子爆弾も水素爆弾もともに核爆弾、核兵器といわれますが、

その原理も威力もまったく違います。原子爆弾の威力は TNT 火薬で2万トン程度である一方、水素爆弾の威力は5000万トンに達し、その威力は格段の開きがあります。つまり、人類が通常用いる兵器（拳銃、機関銃、大砲、ミサイル、等々）の化学爆薬の能力とは比べものにならない威力があるのです。

現代科学はこのような原子核反応（核融合反応および核分裂反応）を、原子爆弾や水素爆弾などの破壊的な手段としてではなく、発電手段を中心とした平和的な手段として利用しようと努力しているところです。

水爆と原爆の違い

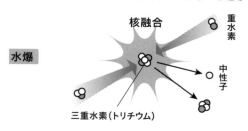

威力は大きいが高温、高圧にしないと起きない

核融合

重水素

水爆

中性子

三重水素（トリチウム）

核分裂が連続し、爆発が起きる

核分裂

中性子

原爆

中性子

ウラン、
プルトニウム

58 ウランの濃縮って何？

最近イランや北朝鮮など、今まで核爆弾をもっていなかった国が核爆弾をもとうとしているようです。「ウランの濃縮を始めた」といった報道を聞いたことはないでしょうか。

◎ 原子の重さ

原子は電子雲と原子核から成り立っていて、このうち化学反応を支配するのは電子雲です。ウラン原子はすべて 92 個の電子からなる電子雲をもっています。したがってすべてのウラン原子はまったく同じ化学反応をおこないます。

ところが、同じウラン原子でも、原子核の構造の異なる原子が存在します。具体的にいうと、原子核の重さが違うのです。ウラン原子の場合、原子核の相対的な重さが 235 の ^{235}U と 238 の ^{238}U が存在します。

この 2 つの原子は、化学反応性はまったく同じですが、原子核反応の反応性がまったく違います。つまり軽いほうの ^{235}U は核分裂反応を起こすので、原子爆弾の材料となり、原子炉の燃料となる一方、重いほうの ^{238}U にはそのような性質はありません。

◎ 濃縮

自然界に存在するウランはこの 2 種類のウランの混合物なのですが、^{235}U が圧倒的に少なくわずか0.7％にすぎません。これでは、

原爆に使うにしても原子炉に使うにしても、^{235}U の濃度が低すぎます。原子炉に使う場合には 3 〜 5 % 程度、原爆に使う場合には 93 % 以上は欲しいといわれます。

　0.7 % の濃度を数 % から数十 % にまで高める、これが**ウランの濃縮**です。

ウラン含有率

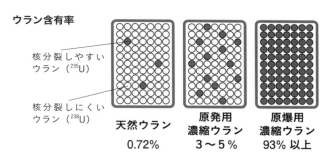

核分裂しやすい
ウラン（^{235}U）

核分裂しにくい
ウラン（^{238}U）

天然ウラン
0.72%

原発用
濃縮ウラン
3〜5 %

原爆用
濃縮ウラン
93 % 以上

　では、どうやって濃度を高めるのでしょうか。^{235}U と ^{238}U の化学的性質はまったく同じですから、化学反応によって分離することはできません。そこでとられる手段が、重さによる分離です。つまり、ウランをフッ素 F_2 と反応させて六フッ化ウラン UF_6 という気体にし、これを遠心分離器にかけて分離するのです。もちろん 1 回の分離で済むはずはありません。何段階、何十段階もの遠心分離によって分離するのです。そのためには高性能なモーターや莫大な電力が必要になります。

　このようにして濃縮したウランを用いて原子力発電をおこない、一方で原子爆弾を作っているのが世界の現状です [1]。

---

[1]　日本は核爆弾の開発こそおこなわないものの、原子力開発の最先端をいくため、その動向は世界中の注目を集めている。

59 原子爆弾と原子炉の違いって何？

原子爆弾も原子炉も、ともに核分裂反応を利用したものです。しかし片方はすべてを破壊し尽くす爆弾であり、片方は電力を生み出す生産的な施設です。違いはどこにあるのでしょうか。

◎ 連鎖反応

　核分裂反応は連鎖反応です。前項で見た ^{235}U に中性子が衝突すると、^{235}U 原子核が分裂して放射性廃棄物、核分裂エネルギーとともに数個の中性子を発生します。簡単にするためにこの個数を2個としましょう。

　するとこの2個の中性子が2個の ^{235}U に衝突し、合計4個の中性子を発生します。このような反応がくり返されると、分裂する原子核の個数はネズミ算式に拡大して膨れ上がり、最終的には爆発になります。これが原子爆弾の原理であり、このような反応を枝分かれ連鎖反応といいます。

　連鎖反応がこのように膨れ上がったのは、1回の反応で発生する中性子の個数が2個だったからです。もし1個だったら、反応は継続しますが拡大することはなかったはずです。このように拡大しない連鎖反応を定常連鎖反応といいます。原子炉の中で起こっている核分裂反応はこのような反応なのです。

原子爆弾と原子炉の連鎖反応の違い

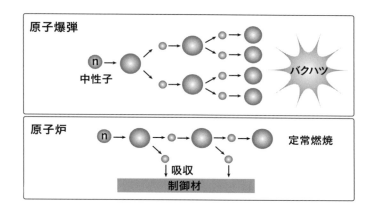

◎ 中性子数の制御

　1回の核分裂で発生する中性子の個数が1個の場合には、核分裂連鎖反応は定常型になって原子炉になります。しかし1個以上の場合には拡大型になって、最終的には原子爆弾になってしまうわけです。

　そこで大事になるのが、全中性子の個数を制御することです。どのようにして制御するかは簡単です。不要な中性子を吸収して除いてやればよいのです。このような役目をする素材を制御材といいます。制御材には中性子を吸収する能力の大きなホウ素 B、ハフニウム Hf、カドミウム Cd などが用いられます。

◎ カドミウム

カドミウムは、富山県の神通川流域で大正時代から続いたイタイイタイ病といわれる公害の原因となった金属です。

先の周期表を見ると、カドミウムは12族元素で、上から亜鉛Zn、カドミウムCd、水銀Hgと並んでいます。つまりこの3種の金属は互いに似た性質なのです。

亜鉛は昔から真鍮等の合金やトタンなどのメッキに重要な金属でした。そこで鉱山から亜鉛を掘ると、その亜鉛鉱にカドミウムがまじってきます。昔は使い道のない金属だったため神通川に棄てられ、イタイイタイ病の原因になってしまいました。

しかし現在では、カドミウムは原子炉や半導体などになくてはならない金属になっているというわけです。

四大公害病

病名	場所	原因物質	摂取経路	影響・症状
イタイイタイ病	富山県 神通川流域	カドミウムなど	水や農作物の飲食	骨が弱くなり骨折し激痛
水俣病 （熊本水俣病）	熊本県 水俣湾付近	有機水銀	魚介類の摂取	中枢神経疾患
新潟水俣病	新潟県 下越地方 阿賀野川流域	有機水銀	魚介類の摂取	中枢神経疾患
四日市ぜんそく	三重県 四日市市	亜硫酸ガス（SO_2）などの大気汚染物質	空気の吸入	呼吸器疾患（ぜんそく）

60 原子力発電ってどうやって発電するの？

原子力発電を続けるべきか止めるべきかの議論が盛んですが、その前に、原子力発電とはそもそもどういうものなのかを知っておく必要があるでしょう。

◎ 原子力発電の基本原理

原子力発電というのは、原子炉という装置の中で核分裂反応を起こし、その熱で水蒸気を作ります。この水蒸気を原子炉の外に導き出し、発電機のタービンにぶつけることでタービンを回して発電する装置です。

これは火力発電がボイラーで水蒸気を作り、それでタービンを回して発電するのとまったく同じ原理です。つまり、原子炉というと何やら物々しく聞こえますが、原子炉がやっていることは火力発電所のボイラーと同じことなのです。

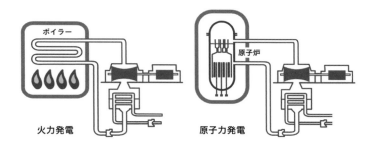

◎ 減速材

　前項で、原子炉にとって重要なものに制御材があることを見ました。じつは原子炉にはもう1つ重要なものがあります。それが減速材です。

　核分裂反応によって生じた中性子は高速中性子とよばれ、光速の数分の1という非常に速い速度で飛び回っています。しかし、このような中性子は ^{235}U とは効率的に反応することができません。反応させるためには速度を落として熱中性子としなければなりません。

　この役目をする素材を減速材といいます。電荷も磁性ももたない中性子の速度を落とすには何かに衝突させる以外ありません。それも、中性子と同じ重さ（質量）の粒子に衝突させるのが効率的です。このような粒子としてうってつけなのが中性子と同じ重さをもつ粒子、水素原子 H です。ということで、減速材には一般に水 H_2O が使われることになります。つまり**原子炉には中性**

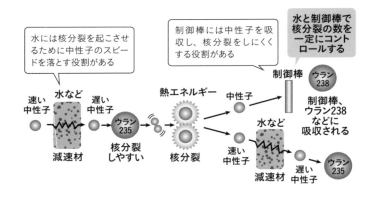

水には核分裂を起こさせるために中性子のスピードを落とす役割がある

制御棒には中性子を吸収し、核分裂をしにくくする役割がある

水と制御棒で核分裂の数を一定にコントロールする

速い中性子　水など　遅い中性子　減速材　ウラン235　核分裂しやすい　熱エネルギー　核分裂　中性子　制御棒　ウラン238　制御棒、ウラン238などに吸収される　速い中性子　水など　減速材　遅い中性子　ウラン235

子を吸収する制御材と、中性子を減速する減速材が必要なのです。

◎ 原子炉の構造

　下の図はこれ以上簡単にすることはできないほど簡素化した原子炉の図です。中には^{235}U からなる燃料体と、そのあいだに差し込まれた制御材（制御棒）があります。

　制御材を深く差し込むとたくさんの中性子を吸収するので、原子炉の出力は低下します。反対に制御材を引き抜くと中性子が増えるので出力が増加します。つまり制御材は原子炉のアクセルとブレーキを兼ねているのです。

　原子炉の中には水が満たされており、これが核分裂反応のエネルギーを吸収して加熱され、水蒸気になり、原子炉の外に導かれて発電機のタービンを回すのです。同時に水は中性子の速度を落とす減速材の役目も兼ねています。

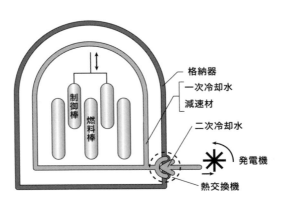

原子炉

61 放射能と放射線って何が違うの?

原発事故以来、ニュースで似たような言葉が登場しました。放射能や放射線、放射性物質などですね。これらの言葉の違いや、何を表すのかを見てみましょう。

◎ 原子核崩壊

原子核反応というと、核融合と核分裂がよく知られていますが、もう1つ大切な反応があります。それは**原子核崩壊**という原子核反応です。これは原子核が小さな原子核（原子核の破片）や高エネルギーの電磁波を放出して、他の原子に変化していく反応です。

このような反応を起こす原子を**放射性元素**、この反応で放出される原子核の破片や電磁波を**放射線**といいます。よく似た言葉に**放射能**がありますが、これは「放射線を出す能力」のことをいいます。したがって放射性元素ならすべて放射能をもっていることになります。たとえていえば、野球のピッチャーが放射性元素で、ピッチャーが投げたボールが放射線です。放射能は、ピッチャーのボールを投げる能力とでもいえばよいでしょうか。とにかく、当たって痛いのは放射線であり、放射能は害を及ぼしません。

◎ 放射線の種類

放射線は非常に危険なものであり、生物がもろに放射線を浴びたら命がいくつあっても足りないですが、それを防御（遮蔽）す

る手段もあります。放射線にはいくつかの種類がありますが、よく知られているのは次のものです。

α 線 ：高速で飛ぶヘリウム原子核です。アルミ箔あるいは厚紙で遮蔽できます。

β 線 ：高速で飛ぶ電子です。厚さ数 mm のアルミ板、または 1cm 程度のプラスチック板で遮蔽できます。

γ 線 ：高エネルギーの電磁波で、レントゲンを撮る X 線と同じものです。遮蔽には厚さ 10cm 以上の鉛板が必要です。

中性子線：高速で飛ぶ中性子で、厚さ 1m の鉛板でも遮蔽には不十分といわれます。しかし、水が効果的に遮蔽してくれます。

◎ 原子核崩壊の種類

原子核崩壊は、地球内部はもちろん、私たちの体の中でも起きています。私たちの体内には ^{14}C という炭素の同位体が入っていますが、これは β 線を出して窒素 ^{14}N に変化します。つまり私たちは自分の体の中で放射線を浴びているのです。

また、地球内部ではカリウムの同位体 ^{40}K が β 線を出してカルシウム ^{40}Ca に変化しています。そのほかにウラン U やラジウム Ra も崩壊します。このときに発生するエネルギーなどが地球内部にたまった結果、地球内部は 5000 ～ 6000℃ という高温になり、マントルという溶岩状態になっているのです。

◎ 半減期

　原子炉の事故が起きると問題になるのは放射性物質の漏えいです。たとえば半減期8日のヨウ素131とか、半減期30年のセシウム137が環境に漏えいした、といったニュースを聞いた覚えのある方もいるでしょう。では、半減期とは何でしょうか。

　出発物Aが生成物Bに変化する反応A→Bを考えてみます。反応が始まったら、AはBに変化し始めますから、Aの量（濃度）は刻々と減少していきます。そしてある時間が経ったら、Aの量は最初の量のちょうど半分になるはずです。このとき、**反応開始からその時間までにかかった時間を半減期**といいます。

　時間が半減期の2倍経ったら、Aの量は半分の半分、つまり4分の1になります。3倍経ったらさらに半分で、当初の8分の1となります。このようにAの量は時間が経つにつれて減少しますが、その減少のしかたは時間とともに穏やかになります。

　半減期の短い反応は速い反応、長い反応は遅い反応ということ

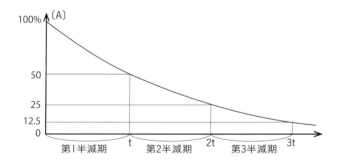

になります。半減期の長い放射性元素は環境や体内に長い時間とどまり、その間放射線を出し続けることになります[*1]。

◎ 年代測定

原子の半減期を利用して年代測定をすることができます。年代測定というのは、たとえば古い木彫品があったとして、その木彫品が今から何年くらい前に作られたかを推定する技術です。

木は生えているときには光合成をおこなうので、空気中の二酸化炭素 CO_2 を吸収します。炭素には同位体の ^{14}C が一定割合含まれているのでその CO_2 を吸収した植物中の炭素にも同じ割合の ^{14}C が含まれることになります。

しかし、この木が伐り倒されると、その先は光合成をしなくなります。つまり、空気中から新しい ^{14}C は入ってこないことになります。^{14}C は放射性元素ですから、半減期 5730 年で窒素 N に変化します。そのため木材中の ^{14}C 濃度は減り続けていくことに

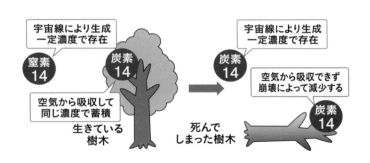

*1 原子核反応の半減期は千差万別。長いものでは 100 億年を超える（白金 190 は 6900 億年、インジウム 115 は 4000 兆年）ものから、短いものでは数千分の 1 秒（ニホニウム 278 は 0.00034 秒）まである。

なります。

したがって、もし木材中の^{14}C濃度が最初の濃度の半分になっていたら、木は伐り倒されてから5730年経ったことになります。もし、濃度が4分の1だったら半減期の2倍の時間、つまり1万1460年経ったことになります。このようにして年代を推定するのです。

じつは、このようなことが成り立つためには、空気中の二酸化炭素に占める^{14}Cの量は不変であるという前提が必要です。しかし、地中で起きている原子核反応、宇宙から降り注ぐ宇宙線などによって^{14}Cは常に補給され続けており、その濃度は不変であることが観測によって確かめられています。

土器の底に遺されたもみ殻の年代測定によって、その土器が縄文時代のものであることが証明されたこともあります。

◎ **放射線療法**

放射線というと怖い、危険だというイメージが強いようです。でもそうではありません。放射線は現代医療に欠かせない武器でもあり、とりわけガン治療に広く活用されています。

ガン腫瘍は特殊な再生複製能力を備えた特異細胞です。これを撲滅する方法は手術によって切除するか、何らかの方法によって腫瘍細胞の再生複製能力を根絶するかしかありません。

後者の有力手段が放射線を用いた放射線療法なのです。特に陽子、炭素原子核などを用いた療法が注目されています。まさしく毒と薬は匙加減です。怖いと思われる放射線も、使い方によっては強力な味方になるのです。

第10章
「エネルギー」の化学

62 メタンハイドレートって何？

メタンハイドレートは海底に眠る新しい燃料資源として注目を集めています。日本は世界に先駆けて渥美半島の沖合で試験採掘をおこないました。海洋国日本が期待する海洋資源です。

◎ メタンハイドレートとは

メタンハイドレートはシャーベットのような白い物体で、「燃える氷」ともよばれます。火をつけると青白い炎と熱を発して燃え、燃えたあとには二酸化炭素と水蒸気が残ります。

メタンハイドレートは、都市ガスの主成分であるメタン CH_4 と水 H_2O が結合した化合物です。水は不思議な分子で、水素 H はプラス H^+ に、酸素 O はマイナス O^- に荷電しています。この結果、ある水分子の H^+ と隣の水分子の O^- のあいだには静電引力がはたらきます。

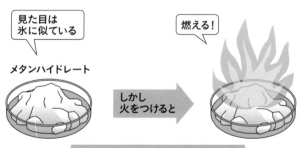

見た目は氷に似ている

燃える！

メタンハイドレート

しかし火をつけると

石油、石炭に比べると二酸化炭素の排出量も少なく、環境対策に有効

　水の結晶である氷では、膨大な個数の水分子のあいだにこのような引力がはたらいています。この引力がはたらいた結果できたのが、下の図の鳥カゴのようなケージ状化合物です。

　図に示した白い小さな○は水分子の酸素原子を表します。そして大きな黒い●はメタン分子です。鳥カゴは多くのカゴのあいだで1辺を共有しますから、メタン分子1個を取り囲む水分子の個数は平均15個程度といわれています。

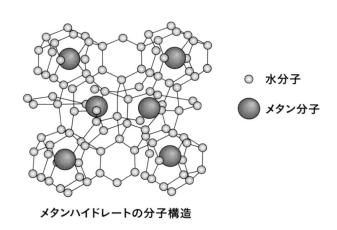

　　　　　　　　　　　　　　　○　水分子

　　　　　　　　　　　　　　　●　メタン分子

メタンハイドレートの分子構造

◎ メタンハイドレートの存在

　メタンハイドレートが生成蓄積するためにはある程度の低温と、ある程度の圧力が必要といわれ、その条件を満たしているのが海底数百mの地点、つまり大陸棚の端のあたりといわれ、ま

さしく日本が位置している周辺なのです。

メタンハイドレートが存在するのは太平洋側だけではありません。日本海側のほうがより良質のものが存在するとの説もあります。埋蔵量は膨大であり、日本近海だけでも日本の可採埋蔵量の100年分があるともいわれています。問題はいかにして掘り出すかです[1]。

メタンハイドレートそのものをストーブに入れて燃やしたら大変なことになります。メタン（都市ガス）1分子を燃やしたら2分子の水が出ます。これだけでも結露が大変なのに、メタンハイドレートはこれに15分子の水がプラスされます。家の中はプール状態になります。

ということで、メタンハイドレートを採掘するときには、メタンハイドレートを海底で分解し、メタンだけを採取することになります。ところが、うまくいくと、メタンハイドレートの鳥カゴを分解せずに、メタンだけを取り出すことが可能かもしれないのです。

それでは、残った鳥カゴはどうするのでしょうか。メタンを燃やしたあとの二酸化炭素を入れるのです。こうすれば、燃料は手に入る、廃棄物は処理できる、と一石二鳥になります。目下、そのような研究が進行しています。

---

[1]　太平洋側、南海トラフ（四国南方の海底にある深い溝）にあるのは砂層型（さそうがた）で、水深約1000 mの海底面のさらに約300m下にある。一方日本海側にあるのは表層型メタンハイドレートで、太平洋側のものと違い、海底の直下から発見されて塊状で出てくる。

63 シェールガスはなぜ環境問題を 引き起こすの?

> 今世紀に入ってから、アメリカではシェールガスの採掘が本格化しました。そのせいでアメリカでは天然ガスの価格が下がっているといいます。

◎ シェールって何?

　シェールガスの「シェール」というのは岩石の一種で、日本では頁岩（堆積岩の一種）とよばれ、その名前の「頁（ページ）」のように、岩の薄い層が幾重にも積み重なったものです。

　メタンを主成分とした天然ガスがこのページのあいだに挟み込まれたようになって存在しています。ですから、この岩を崩せば天然ガスが解放され、採取できることになります。

　このことは20世紀からわかっていましたが、問題は地下2000〜3000mという深いところに存在しているため、どうやって掘り出すか、ということでした。

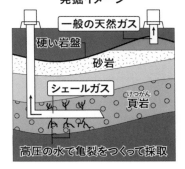

シェールガスと一般の天然ガスの発掘イメージ

一般の天然ガス

硬い岩盤

砂岩

シェールガス

頁岩

高圧の水で亀裂をつくって採取

◎ 採掘

　それを可能にしたのが21世紀になってアメリカで開発

された斜坑法という方式でした。この方式はまず垂直に坑道を掘って頁岩層に達します。そしてそこから先は頁岩層に従うようにして斜めに掘り進んでいくのです。

しかしシェールガスは頁岩に吸着されています。穴をあけたからといってガスが噴き出すわけではありません。そこで坑道から化学薬品まじりの高圧水を大量に坑道に噴射し、頁岩を粉々に破砕してガスを放出させます[*1]。

◎ 環境問題

この方法は地下の頁岩層を破壊し、その代わりに化学薬品まじりの水を注入するものです。しかもその水は近隣の地下から汲み上げます。これでは長いあいだ平衡を保ってきた地下の構造に激震が走ります。環境問題が起きるのは当然です。

採掘地帯では小規模な地震が起こるところさえあるようです。また、井戸水に火をつけると燃え上がるという地帯もあります。井戸水にガスがまじってしまったのです。

しかも、シェールガスは気体や液体状態で存在するわけではありません。岩石に吸着しているのです。つまり移動できないため、坑道で採掘してもその周辺のガスを採取したら終わりです。普通のガス田や油田と違って、1本の坑道ですべてを汲み上げることはできません。そのため、1本の坑道の寿命は数年、短ければ1年といわれ、次々と新しい坑道を掘り続けなければなりません。つまり、環境問題は次々と広がる運命にあるのです。

[*1] この水は海岸近くなら海水、内陸部なら深い井戸を掘ってそこから地下水を汲み上げて用いる。

64 化石燃料にはどんなものがあるの?

「化石燃料」といえば一般に石炭、石油、天然ガスと理解されています。でも本当でしょうか。最近では新たな資源が登場したり、そもそも石油は化石由来ではないという説も登場しています。

◎ 化石燃料

化石とは一般に太古の昔に死んだ生物の遺骸のうち、腐敗を逃れた部分（主に骨格）に岩石の成分が浸透し、岩石の一部として残ったものとされています。

この定義からすると、化石燃料とは太古の昔に死んだ生物の遺骸が、地熱や地圧などの影響によって変化したものと考えられます。

化石燃料の一番の特徴は、資源量に限りがあるということです。化石燃料の原料である「太古の生物」が死に絶えているのですから当然です。

以前は石炭や石油、天然ガスなどが化石燃料にあたるものでしたが、今ではメタンハイドレート（天然ガス）、シェールガス（天然ガス）、シェールオイル（石油）、コールベッドメタン（天然ガス）などの新しいものが加わっています。

◎ 可採埋蔵量

資源量に限りがあるために考えられたのが「可採埋蔵量」です。

これは現在、存在が確かめられている燃料を、現在のペースで採掘、消費を続けていくとあと何年持続するか、という年数です。もっともこれはかなりいい加減な数字です。

　現在も新しい油田は発見・開発され続けており、採掘技術も発展しています。反面、省エネ技術の発達によって消費量は減少し続けています。これは可採埋蔵量が年々増加することを意味します。40年前、石油危機が叫ばれたときには、石油の可採埋蔵量は30年といわれました。それから40年後の現在、石油の可採埋蔵量は50年といわれています。年配者には「オオカミ少年」の言葉と響いてしまいます。

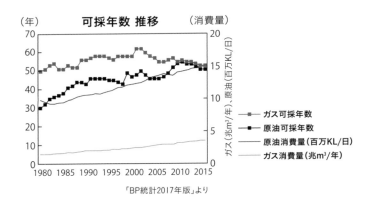

「BP統計2017年版」より

◎ 石油の生成

　化石燃料の中でも、石炭、天然ガスの成り立ちに対しては異論がないようです。異論があるのは石油です。石油は化石燃料では

ないというのです。

石油は地下の化学反応で作られる生産物だという説があります。この理論が正しければ、石油は今この瞬間にも地下で作られ続けていることになります。さらに今世紀初頭にアメリカの著名な天文学者が「石油惑星起源説」を打ち立てました。それによると、惑星ができるときには中心に膨大な量の炭化水素（石油の原料）が閉じ込められるといいます。その後この炭化水素が比重によって地表に浮かび上がるときに、地熱、地圧によって石油に変化するというのです。

さらに最近では、二酸化炭素を原料として、石油を生成する細菌が発見されています。この細菌を利用した石油生成プロジェクトも立ち上がろうとしています。石油の真の姿と可採埋蔵量はまだまだ謎だらけといえそうです。

石油の有機起源説と惑星起源説

有機起源説
海底などに生物の死骸がたまる
圧力や温度が加わり、死骸に含まれる有機物が変化

惑星起源説
地殻
マントル
高圧高温
岩石や水などからメタンなどができる
メタンなどが化学反応

石油

65 再生可能エネルギーって何？

私たちは石炭や石油、天然ガスといった化石燃料に頼って現代社会を築いてきました。しかし近年では、再生可能エネルギーによる「使っても減らないエネルギー」が注目されています。

◎ 旧世代燃料

人類が長いあいだ、熱や光のエネルギー源として用いたものは薪や木炭などの植物でした。18世紀になると新たに石炭が発見され、それに触発されるようにして産業革命が起きました。

その後は石油、天然ガスなどのいわゆる化石燃料の発見とその有効利用が続き、現在に至っています。こうした化石燃料はその起源を太古の昔に繁栄した植物に頼るもの[*1]であり、燃えれば二酸化炭素となって再生されることはありません。

◎ 新世代エネルギー

それに対して、現在成長している植物は、燃やせば個数 n 個の二酸化炭素 CO_2 を発生します。ところが、燃えた植物が芽を出せば必ず光合成を開始し、その成長過程において n 個の二酸化炭素を n 個の炭素からできた炭水化物に戻します。

すなわち、現在地球上に繁茂している植物を燃やしても、やがてそれに匹敵するだけの量の植物が成長するのです。その意味で植物燃料は再生可能燃料ということができるでしょう。

[*1] 大昔の太陽エネルギーを缶詰にしたようなもの、ということができる。

　再生可能エネルギーには他の種類もあります。つまり、使っても減らないエネルギーです。これこそは究極の再生可能エネルギーということができるでしょう。

　それは太陽と地球のエネルギーです。地球上には太陽から休みなくエネルギーが送られてきます。そのおかげで風が吹き、波が起こっています。また地球の内部では休みなく原子核反応が進行し、莫大なエネルギーが生産され続けます。これをエネルギー源として利用しない手はありません。

　太陽電池、風力発電、波浪発電などは、太陽エネルギーを直接利用したものということができるでしょう。また、地熱発電は地球内部の原子核反応、水力発電は地球上の位置エネルギーなどと、決して消耗されつくすことのない自然エネルギーを利用したものです。このようなエネルギーを再生可能エネルギーというのです。

太陽光発電

太陽の光エネルギーを太陽電池により直接電気に変換して発電

風力発電

風が風車を回す力で発電

水力発電

水が高いところから流れ落ちる力を使って発電

地熱発電

地下の奥深くにある熱や蒸気を使って発電

バイオマス発電

生ごみや木くず、家畜の糞尿などの生物資源を「直接燃焼」したり「ガス化」するなどして発電

海洋エネルギー発電

海の流れや波の力などを使って発電

66 太陽電池はどうやって発電するの？

太陽電池が普及してきました。簡単に設置できて保守点検の手間がかからず、家庭で使いきれなかった電力は、買い取ってくれるという制度が後押しをしたようです。

◎ 太陽電池の仕組み

1個の太陽電池は1辺が12cmほどの黒いガラス板のようなものです。これを何枚か並べた平板を「モジュール」といい、このモジュールを何枚かつないだものが太陽電池の発電システムです。ガラス板に太陽光が当たると電気が発生し、電極から電流が流れます。1個の電池の起電力は約0.5Vです。

家庭で使われる太陽電池はケイ素（シリコン）Siを使ったもので「シリコン太陽電池」といわれます。構造は次ページの図のようになっていて、2枚の半導体（n型半導体、p型半導体）を透明電極と金属電極で挟んだだけのものです。動く部分は何もありません。2種の半導体はシリコンに少量の不純物をまぜたもので、一般に不純物半導体といいます。

透明電極を通った太陽光は非常に薄くて透明なn型半導体の層を通り抜けてpn接合面に達します。するとここにいた電子が太陽光のエネルギーを受け取って活動を始め、n型半導体の層を通って透明電極に達します。

そしてここから外部回路を経由して金属電極に達し、p型半導

体の層を通ってもとに戻ります。この外部回路を流れている電子が電流に相当するのです。

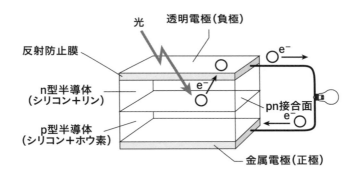

◎ 太陽電池の長所と短所

　太陽電池は優れた能力をもつ電池ですが、長所だけではありません。短所もあります。それぞれを見てみましょう。

【長所】

① 保守・点検が不要：太陽電池には可動部分も消耗部分もありません。したがって故障もありません。保守、点検は基本的に不要です。

② **地産・地消**：発電部分と電力消費部分を直結することができます。街灯の傘を太陽電池にしたら、それだけで発電と点灯が一体化します。孤島の灯台も、人間は何もしなくとも点灯し続けてくれます。

③ **送電設備不要**：②と同じことですが、遠方で発電する必要がないので、電力を送る必要がありません。送電線の必要はありませんし、送電に伴う電力ロスもありません。

【短所】

① **価格が高価**

② **変換効率が低い**

　短所として決定的なものは、高価ということです。シリコンは地殻中に無尽蔵にあります。資源枯渇の心配はありません。しかし、太陽電池に用いる場合にはその純度が問題になります。なんとセブンナイン、つまり99.99999%の純度が要求されます。この純度を満たすにはそれだけの工場設備、電力エネルギーが必要とされ、必然的に価格が上昇します。

　また、照射された太陽光エネルギーのうち、何%を電力に変えられるかという変換効率も問題です。現在では15〜20%程度のようです。これを50%にまで高めるように、現在多くの研究が進められています[1]。

---

[1]　再生可能エネルギーの中では水力発電の変換効率（発電効率）が80%と高く、続いて風力発電の25%と続く。なお地熱発電は8%、バイオマス発電1%とされる。

67 水素燃料電池はどうやって発電するの？

> 一般に燃料電池は燃料を燃焼することによって発生する燃焼エネルギーを電気エネルギーに変える装置です。そのうち、燃料に水素ガスを用いるものを「水素燃料電池」といいます。

◎ 水素燃料電池の構造と原理

　水素燃料電池は水素を燃料として燃焼し、そのエネルギーを電気エネルギーに変える装置です。補給された燃料に見合うだけの電力を生産し、燃料がなくなれば発電を止めます。これは水素を燃料とする火力発電所と同じことです。つまり、燃料電池は電池というより、小型の携帯型発電所といったほうがふさわしい装置なのです。

　次ページの図は水素燃料電池の概念図です。電解質溶液の中に正負の電極が挿入され、それぞれに水素ガス H_2（負極）、酸素ガス O_2（正極）が供給されます。各電極には触媒として白金（プラチナ）Pt がコーティングされています。

　負極で水素ガスが触媒の力を借りて水素イオン H^+ と電子 e^- に分解されます。電子は外部回路（導線）を通って正極に移動し、これで電流が流れたことになります。一方 H^+ は電解質溶液中を移動して正極に達します。ここで、H^+、e^-、O_2 は一緒になり水 H_2O となってエネルギーを生産します。

　この電池の重要な点は、燃焼廃棄物が水だけであるということ

水素燃料電池の概念図

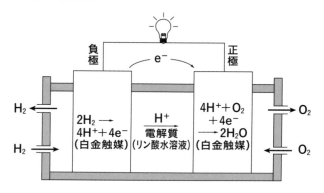

です。この水には何の有毒物質も混入せず、そのまま飲料にすることができるのは宇宙飛行士による人体実験で証明済みです。

◎ 水素燃料電池の問題点

水素燃料電池にも、問題点がないわけではありません。

第1の問題点は、燃料の水素ガスは自然界のどこにも存在しないということです。水素ガスは人類が自前で作らなければならないのです。

方法としては水の電気分解、メタノールの分解、石油の分解など、いろいろあります。しかし、このような分解には電力などのエネルギーが必要です。つまり、**水素燃料電池を使うためには、他のエネルギーを使わなければならない**のです。

　第2の問題点は、水素ガスが爆発性の気体であるということです。1937年に起きた歴史的な飛行船事故であるヒンデンブルグ号の爆発炎上事故をあげるまでもなく、水素の怖さは周知の通りです。このようなものを自動車に積んで街中を走らせて大丈夫なのかという懸念の声があるのも事実です。さらには水素ガススタンドをどうするのかといったインフラを含んだ問題があります。

　第3に、水素燃料電池には触媒が不可欠ということです。現在のところ有力な触媒は白金です。白金はいうまでもなく貴重な貴金属であり、その産出はもっぱら南アフリカに頼るしかありません。そのため、価格は高く、そのうえ乱高下しやすい性質があります。もし水素燃料電池が多用されるような日がきたら、投機筋の思惑も絡んでその価格がどのように高騰するかはだれにも予想できないでしょう。

　このような不安定要因の多い金属に社会のエネルギーを依存させてよいのかどうか。これは科学というより、政治的・経済的な問題といえるでしょう。

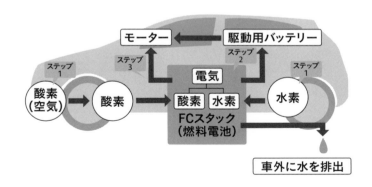

参考文献

齋藤勝裕『気になる化学の基礎知識』技術評論社（2009年）

齋藤勝裕『へんな金属 すごい金属』技術評論社（2009年）

齋藤勝裕『へんなプラスチック、すごいプラスチック』技術評論社（2011年）

齋藤勝裕『科学者も知らないカガクのはなし』技術評論社（2013年）

齋藤勝裕『ぼくらは「化学」のおかげで生きている』実務教育出版（2015年）

齋藤勝裕『本当はおもしろい化学反応』SBクリエイティブ（2015年）

齋藤勝裕『脳を惑わす薬物とくすり』C&R研究所（2015年）

齋藤勝裕『爆発の仕組みを化学する』C&R研究所（2016年）

齋藤勝裕『毒の科学』SBクリエイティブ（2016年）

齋藤勝裕『料理の科学』SBクリエイティブ（2017年）

齋藤勝裕『汚れの科学』SBクリエイティブ（2018年）

齋藤勝裕『人類が手に入れた地球のエネルギー』C&R研究所（2018年）

齋藤勝裕『「発酵」のことが一冊でまるごとわかる』ベレ出版（2019年）

齋藤勝裕『「食品の科学」が一冊でまるごとわかる』ベレ出版（2019年）

齋藤勝裕『アロマの化学 きほんのき』フレグランスジャーナル社（2020年）

[著者]

齋藤勝裕（さいとう・かつひろ）

1945 年生まれ。1974 年、東北大学大学院理学研究科博士課程修了、現在は名古屋工業大学名誉教授。理学博士。専門分野は有機化学、物理化学、光化学、超分子化学。著書は、「絶対わかる化学シリーズ」全 18 冊（講談社）、「わかる化学シリーズ」全 16 冊（東京化学同人）、「わかる×わかった！　化学シリーズ」全 14 冊（オーム社）ほか多数。

図解　身近にあふれる「化学」が 3 時間でわかる本

2020 年　5 月 24 日　初版発行
2023 年　4 月 12 日　第 10 刷発行

著　　　者　　齋藤勝裕
発　行　者　　石野栄一
発　行　所　　明日香出版社
　　　　　　　〒 112-0005　東京都文京区水道 2-11-5
　　　　　　　電話　03-5395-7650（代表）
　　　　　　　https://www.asuka-g.co.jp

印　　　刷　　美研プリンティング株式会社
製　　　本　　根本製本株式会社

身近な疑問が \\ すっきり解消する // 好評シリーズ！

図解 身近にあふれる
「科学」が３時間でわかる本

左巻 健男 編著　本体 1400 円

図解 身近にあふれる
「気象・天気」が３時間でわかる本

金子 大輔 著　本体 1400 円

図解 身近にあふれる
「生き物」が３時間でわかる本

左巻 健男 編著　本体 1400 円

図解 身近にあふれる
「微生物」が３時間でわかる本

左巻 健男 編著　本体 1400 円